オイラーの公式がわかる

数学の至宝を知る

原岡喜重 著

To the memory of my mother Reiko

装幀／芦澤泰偉・児崎雅淑
カバーイラスト／たなか鮎子
もくじデザイン／土方芳枝
本文図版／さくら工芸社

はじめに

　数学の醍醐味の1つは，ものの見方を変えるだけで全く新しい世界が開けてくることです．ときにそれは世の中を変えるほどのインパクトを与えることもあります．本書で取り上げるオイラーの公式はまさにそのようなものの1つで，「ああ，こういうことが関係していたんだ」という驚きと同時に，現代の科学・技術において基盤的な思考方法・計算方法を与えるものにもなっています．

　オイラーの公式は，一見全く異なる挙動を示す三角関数と指数関数を結びつけるものです．そのような離れ業は天才オイラーだから成し遂げられたこと，と降参してしまってもいいのですが，天才であろうと人間ですし，数学は人間の営みですから，その発見の道筋を何とか理解してみたいと思います．

　話の順序が逆になりましたが，オイラーを紹介しましょう．レオンハルト・オイラー（Leonhard Euler）は1707年にスイスのバーゼルで生まれ，1783年に没した数学者・科学者です．その3世代くらい前に当たるガリレオ（1564 - 1642）は，「自然という書物は数学の言葉で書かれている」という言葉を残し，自然法則を数学の言葉で表現することにより，あらゆる自然現象は数学的に導くことができるという世界観を呈示しました．このガリレオの世界観・科学観は，依然として現代科学の根底にあります．その次の次の世代に当たる

ニュートン（1642 - 1727）は，微分法を発見することでガリレオの主張を実現し，ニュートン力学という理論体系を作り上げて自然を支配する法則を明らかにしました．そのあと登場したオイラーは，ニュートン力学を深めることにも多大な貢献をしました．たとえばガリレオやニュートンが扱ったボールの落下や惑星の軌道といった問題は，ボールと地球，あるいは地球と太陽といった2つのものが力を及ぼし合う運動でしたが，オイラーはたとえば水の流れのように，無数の物体（水の分子）が力を及ぼし合いながら運動するような場合にもニュートン力学を適用する方法を与えました．その偉業は，オイラー・ラグランジュ方程式，オイラーの渦流など，彼の名を冠する多くの用語に印されています．オイラーはまた整数に関する研究においても，驚くべき活躍をしています．現代の用語で述べると，ゼータ関数の特殊値を求め，ゼータ関数のオイラー積表示を発見し，多重ゼータ関数まで考察しています．これらはその後現代に至る研究の方向性を決定づけた，大いなる発見です．そのほかにも，一筆書きの問題，多面体の頂点・辺・面の数に関するオイラー標数，分割数に関する研究など，ありとあらゆる分野で現代につながる大きな礎を築きました．
いしずえ

このように見てくると，オイラーは雲の上の人のようですが，一方で私はオイラーにとても親密さを感じます．彼の仕事の1つ1つは，結果だけを見ると感嘆するばかりですが，その発見に至った道筋が実に自然で，わかりやすいからです．彼は虚空から真理をひょいとつかんできたのではなく，いっぱい計算し，考え，さらに計算し，考え，さらに計算していって，その中に埋まっている真理に気づいたのです．このよう

な数学のやり方は，多くの数学者の理想とするところです．

さて，オイラーの公式です．これもそのような営みの産物で，級数と複素数という2つの概念がこの発見をもたらしました．本書ではまず級数と複素数について，必要な事柄を準備します．それから，それらをオイラーが操ると，三角関数と指数関数の関係が見事に浮かび上がってくる様子を見てみます．そして後半では，このオイラーの公式が何をもたらしたか，どんな場面でどのように活躍しているか，ということを見ていこうと思います．

序を終えるに当たって，今まで隠していたわけではありませんが，オイラーの公式をご覧いただきましょう．

$$e^{\sqrt{-1}\theta} = \cos\theta + \sqrt{-1}\sin\theta$$

左辺にあるのが指数関数，右辺に登場するのが三角関数です．それらが虚数単位 $\sqrt{-1}$ を用いることで結びつく，というのがこの公式の意味するところです．それではこの簡素で美しい公式の発見に至る道筋と，この公式がもたらした世界を探っていくことにしましょう．途中少し険しい箇所があるかもしれませんが，そんなときは鉛筆を持ってちょっと手を動かしてみて下さい．そうすれば必ず乗り越えることができて，すばらしい景色が目の前に広がってくるはずです．

オイラーの公式がわかる ▲ もくじ

はじめに……… 3

1 級数とは……10

- ●▲■ノート………18

2 関数と級数……21

- べき級数………23
- 微分………27
- テイラー展開………37

3 三角関数……41

- ラジアン………51
- 三角関数の微分………52
- 三角関数のテイラー展開………56

4 指数関数 ……59

- 指数関数の微分 ……… 67
- 指数関数 e^x のテイラー展開 ……… 72

5 複素数 ……74

- 複素数の四則演算 ……… 83
- 複素平面 ……… 89
- 代数方程式 ……… 98

6 オイラーの公式 ……102

- オイラーの公式を意味づけする ……… 104
- 指数関数の働き ……… 106
- 複素数の表示 ……… 112
- 三角関数を指数関数で表す ……… 113

● ▲ ■ ノート ……… 116

7 簡単な応用……120

- 微分方程式 $y'' + ay' + by = 0$ の解き方………124
- 振り子の等時性………130

- ●▲■ノート………134

8 電気回路……138

- オームの法則………139
- コンデンサー………142
- コイル………144
- インピーダンス………148
- LC回路………158

9 電磁波……164

- 電場と磁場……165
- マクスウェル方程式……170
- 真空中の電磁波……173
- マクスウェルの大発見……189
- 今までの議論を振り返ってみる……189

- ●▲■ノート……192

結び……196

さくいん……198

1 級数とは

$\dfrac{1}{7}$ を小数に展開してみましょう．

```
        0.142857
   7 ) 1 0
        7
       ──
        3 0
        2 8
       ──
          2 0
          1 4
         ──
            6 0
            5 6
           ──
              4 0
              3 5
             ──
                5 0
                4 9
               ──
                  1
```

この計算を見ると，商として 0.142857 を求めた時点で余りが 1 となって，一番はじめの状態に戻ったことがわかります．このことから，求める小数展開は

(1.1) $$\dfrac{1}{7} = 0.142857142857142857\cdots$$

となります．すなわち 142857 という 6 桁の数が永遠に繰り返されていきます．$\dfrac{1}{7}$ というはっきり決まったものから，永

10

遠に繰り返すという無限が現れるのが奇怪な感じがしますが，これを無限への入り口ととらえましょう．

この無限小数の実体を追求してみます．無限に続く小数を途中で打ち切ると，これは「普通の」数になります．たとえば小数第 10 位までで打ち切ると，

$$0.1428571428 = \frac{1428571428}{10^{10}}$$

という分数（有理数）になりますし，小数の意味に沿って表すなら

$$(1.2) \quad 0.1428571428 = \frac{1}{10} + \frac{4}{10^2} + \frac{2}{10^3} + \frac{8}{10^4} + \frac{5}{10^5} + \frac{7}{10^6} \\ + \frac{1}{10^7} + \frac{4}{10^8} + \frac{2}{10^9} + \frac{8}{10^{10}}$$

という数になります．この右辺は，$\frac{\Box}{10^n}$ という形の数を足し合わせています．ここで $\Box$ には 0 から 9 までの整数の 1 つが入ります．(1.2) は途中で打ち切られたものでしたが，打ち切らずに続けると，(1.1) は

$$(1.3) \quad \frac{1}{7} = \frac{1}{10} + \frac{4}{10^2} + \frac{2}{10^3} + \frac{8}{10^4} + \frac{5}{10^5} + \frac{7}{10^6} \\ + \frac{1}{10^7} + \frac{4}{10^8} + \frac{2}{10^9} + \frac{8}{10^{10}} + \cdots$$

ということになり，右辺には無限個の数を足し合わせたものが現れました．このように，無限個の数を足し合わせたもののことを**級数**（または**無限級数**）といいます．

無限というと何か怪しくて，そんなにたくさんの数を足し

て大丈夫だろうか，と不安に思うかもしれません．実際，大丈夫な場合とそうでない場合があります．大丈夫な場合としては，

(1.4) $$\frac{1}{2}+\frac{1}{4}+\frac{1}{8}+\frac{1}{16}+\frac{1}{32}+\cdots$$

という，$\frac{1}{2^n}$ $(n=1,2,3,\cdots)$ を足していった級数があります．これは等比数列の和として高校で習うものですが，足した結果は 1 になります．その理由を説明しましょう．

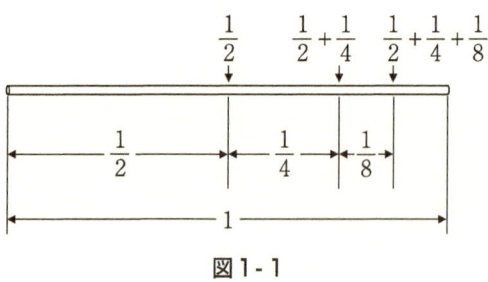

図 1-1

① 長さ 1 のひもを考えます．その半分の長さのところが $\frac{1}{2}$ で，その残りのうちの半分まで行ったところが $\frac{1}{2}+\frac{1}{4}$ で，さらにその残りの半分まで行ったところが $\frac{1}{2}+\frac{1}{4}+\frac{1}{8}$，という具合で，いつまでたっても 1 には届きません．そのため (1.4) の和が 1 より大きくなることはありません．

② 1 よりもほんの少し左側の場所 A を考えます．

1 級数とは

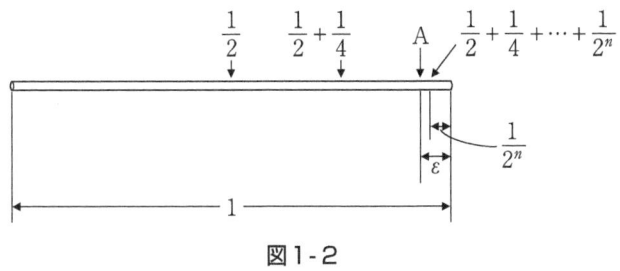

図1-2

1との距離を ε とすると，ε がどんなに小さな数でも，$\frac{1}{2^n} < \varepsilon$ となるような n が取れます．すると級数 (1.4) を n 項目までで打ち切った

$$\frac{1}{2} + \frac{1}{4} + \frac{1}{8} + \cdots + \frac{1}{2^n}$$

は，1との距離が $\frac{1}{2^n}$ のところに達しているので，A よりも 1 に近いことになります．つまり 1 より小さい数は，それがどんなに 1 に近くても，級数 (1.4) をどこか途中で打ち切った値に超えられてしまうのです．

③ したがって無限個を足した結果は，1 より大きくなることもできないし，1 より小さくなることもできません．したがって 1 にならざるを得ません．これで級数 (1.4) を足した結果がちょうど 1 になることが証明できました．

次に無限個足して大丈夫ではない場合です．

(1.5) $\qquad 1-1+1-1+1-1+\cdots$

これを途中で打ち切ったときの和を計算してみます．1項目

13

だけだと和は 1，2 項目までだと和は 0，3 項目までだと和は 1，という具合に，

$$0, 1, 0, 1, 0, 1, 0, \cdots$$

となって，一向にどんな数にも近づいていきません．あるいは (1.5) を

$$(1-1)+(1-1)+(1-1)+\cdots$$

と計算すると，和は

$$0+0+0+\cdots=0$$

となるように思えるけれど，

$$1+(-1+1)+(-1+1)+(-1+1)+\cdots$$

と計算すると，和は

$$1+0+0+0+\cdots=1$$

となるようにも思え，計算の仕方によって計算結果が違ってしまう，という変なことになります．このような級数は，考えたり書いてみたりするのは自由ですが，無限個の和を取ってはいけない級数ということになります．

はじめの例 (1.4) のように，打ち切る場所をどんどん後ろの方にするとその和が一定の値にどんどん近づいていく級数を，**収束**する級数（**収束級数**）といい，2 番目の例 (1.5) のようにそうではない級数を**発散**する級数（**発散級数**）といって

区別します.収束する級数において,途中で打ち切ったときの和がどんどん近づいていくその行き先の値のことを,その級数の**和**といいます.

(1.3) の右辺は収束する級数で,その和は $\frac{1}{7}$ になります.これはもともと $\frac{1}{7}$ から作った級数なのだから当然のことと思われるでしょうが,ちゃんと証明することができます.証明はこの章の最後にノートとして記しておきます.より一般に,

$$(1.6) \qquad \frac{\Box}{10}+\frac{\Box}{10^2}+\frac{\Box}{10^3}+\cdots+\frac{\Box}{10^n}+\cdots$$

($\Box$ のところには 0 から 9 までの整数が入る)という無限級数は収束します.この級数はもちろん

$$0.\Box\Box\Box\cdots\Box\cdots$$

という小数を表すものです.(1.6) が収束することは,次のように考えればわかると思います.(1.6) の $\Box$ には 0 から 9 までの整数が入りますが,すべての場所に 9 が入る場合が一番大きくなるでしょう.その一番大きくなる場合でも,(1.6) は 1 を超えることはありません.したがって (1.6) の無限和をどんどん足していっても,その値はどんどん増えていくけれども 1 は超えないので,何らかの値に収束するしかありません.

別な例として,円周率 π を見てみましょう. π は次のような小数展開を持ちます.

$$3.141592\cdots$$

これも

$$3+\frac{1}{10}+\frac{4}{10^2}+\frac{1}{10^3}+\frac{5}{10^4}+\frac{9}{10^5}+\frac{2}{10^6}+\cdots$$

という級数なので収束します．$\frac{1}{7}$ の小数展開の場合には，小数第何位にどの数字が来るかということはわかります．それは 1, 4, 2, 8, 5, 7 という数字がこの順に繰り返し現れるからです．しかし π では $\frac{1}{7}$ と違って，小数第何位にどの数字が来るのかは，完全にはわかっていません．π の小数展開を第何位まで求めるかというのは，ギネス認定の世界記録になるもので，現在のところ計算機でこつこつと計算するしか方法はありません．しかしそれでも，小数第何位にどの数が来ようと，あるいは何の数字が来るのかが全くわからなくても，その小数展開に対応する無限級数が収束することは決まっているのです．

見方を変えると，A を 0 以上の整数とし，

の □ の中に 0 から 9 までの整数を，どこにどれでもいいから入れると，この無限小数の表す無限級数は収束するので，必ず 1 つの数が決まります．こうやって決まる数が集まって，正の実数全体を作ります．このように，級数には数を決めるという働きがあります．

そして級数は単に数を決めるだけではなくて，その決めた数を，いくらでも高い精度で近似する働きもあります．たとえば円周率 π の無限小数展開

$$\pi = 3.1415926535\cdots$$

は，途中で打ち切ることで π の近似値を与えます．無限小数を途中で打ち切るとは，無限小数を無限級数と見て，その無限和を途中までの有限和で打ち切るということです．小学校では円周率を 3.14 と習いますが，これは小数第 2 位までで打ち切った近似値です．このときの誤差は，$0.0015926535\cdots$ だから，たかだか 0.002 であることがわかります．これはかなり精度の高い近似値です．もっと精度を上げたければ，小数第 3 位までの 3.141 を取ると，誤差は $0.0005926535\cdots < 0.0006$ でおさえられます．小数第 4 位までの 3.1415 だと誤差は 0.0001 で，小数第 5 位までの 3.14159 だと誤差は 0.000003 でおさえられ，このように先の方まで和を取れば取るほど精度が上がっていきます．

　無限小数の場合は，級数を構成する各項が 0 以上の数なので，打ち切るところを先にすれば確実に精度が上がります．一般に正の数と負の数の入り交じった級数では，場合によっては打ち切るところを先にした方が精度が悪くなることもあり得ます．しかしその級数が収束していれば，打ち切るところをずっと先の方にすれば確実に精度を上げられます．それが級数が収束するということの定義そのものです．

　まとめますと，収束する級数には，数を決めるという働きがあり，またその数をいくらでも高い精度で近似するという働きもあります．これは次のように言い換えた方が正確でしょう．収束する級数には，ある数をいくらでも高い精度で近似するという働きによって，その数を決めるという力があるのです．

*** ノート ***

　級数の収束を考えるときに役立つ事柄を，ノートとして記しておきます．
　まず次の式を計算してみましょう．

$$(1-x)(1+x+x^2+x^3+\cdots+x^{n-1})$$

この式を展開すると，$1+x+x^2+x^3+\cdots+x^{n-1}$ から $1+x+x^2+x^3+\cdots+x^{n-1}$ に x を掛けたものを引けばよいので，多くの項が打ち消し合って

$$(1-x)(1+x+x^2+x^3+\cdots+x^{n-1})=1-x^n$$

となります．もし $|x|<1$ とすると，n をどんどん大きくしたときに x^n はどんどん 0 に近づいていくので，$1-x^n$ は 1 にどんどん近づきます．このことから，

$$(1-x)(1+x+x^2+x^3+\cdots+x^{n-1}+x^n+\cdots)=1$$

が成り立つことがわかります．左辺に無限級数が現れました．それを取り出して表すなら，

(1.7) $\qquad 1+x+x^2+x^3+\cdots+x^n+\cdots=\dfrac{1}{1-x}$

ということになります．この両辺に a を掛けると，

(1.8) $\qquad a+ax+ax^2+ax^3+\cdots+ax^n+\cdots=\dfrac{a}{1-x}$

となります.この式の左辺を,初項 a,公比 x の等比級数と呼び,この公式 (1.8) を等比級数の和の公式といいます.

これを用いて,(1.3) の右辺の級数が $\frac{1}{7}$ に収束することを示しましょう.この級数はもともとは (1.1) の右辺の無限小数を書き直したものでしたので,もとの無限小数で考えます.もとの無限小数を仮に X とおくと,X は 142857 という数の連なりが繰り返し現れる小数なので,次のような表し方ができます.

(1.9)
$$X = 0.142857 + 0.000000142857 + 0.000000000000142857 + \cdots$$
$$= \frac{142857}{10^6} + \frac{142857}{10^{12}} + \frac{142857}{10^{18}} + \cdots$$
$$= 142857 \times \left(\frac{1}{10^6} + \frac{1}{10^{12}} + \frac{1}{10^{18}} + \cdots\right)$$

$\frac{1}{10^{12}} = \left(\frac{1}{10^6}\right)^2$,$\frac{1}{10^{18}} = \left(\frac{1}{10^6}\right)^3$ ですから,X は,初項 $\frac{142857}{10^6}$,公比 $\frac{1}{10^6}$ の等比級数の和ということになります.よって

$$a = \frac{142857}{10^6},\ x = \frac{1}{10^6}$$

とおくと,$|x| < 1$ が成り立っているため,公式 (1.8) に代入することができます.代入して計算してみます.

$$X = \frac{142857}{10^6} \times \frac{1}{1 - \frac{1}{10^6}}$$

$$= \frac{142857}{10^6 - 1}$$

$$= \frac{142857}{999999}$$

この最後の値ですが,

$$142857 \times 7 = 999999$$

となることが計算すればすぐわかりますから,結果として

$$X = \frac{1}{7}$$

が得られました.

2 関数と級数

関数 $f(x)$ というのは，x の値を与えるごとに数が決まるルールのことです．たとえば

$$f(x) = 2x + 3$$

という関数は，x の値を与えるとアウトプットとして $2x+3$ という数が得られる，というルールを表します．具体的に見てみましょう．$x=0$ を与えると

$$2 \times 0 + 3 = 3$$

が値として得られ，$x=1$ を与えると

$$2 \times 1 + 3 = 5$$

が値として得られます．これらのことを

$$f(0) = 3, \quad f(1) = 5$$

と表します．x のことを，**独立変数**，あるいは単に**変数**と呼びます．

今の $f(x)$ の右辺の $2x+3$ というのは，変数 x の多項式です．x の最大次数が 1 なので，1 次多項式と呼びます．2 次多

項式，3次多項式など，どんな次数の多項式を持ってきても，同じように関数が定まります．5次多項式で例を1つ挙げてみます．

$$f(x) = x^5 - 2x^3 + x^2 - 3x - 1$$

この関数の $x = 0, 1, 2$ における値は，それぞれ $f(0), f(1), f(2)$ と書かれるものですが，次の通り計算されます．

$$f(0) = 0^5 - 2 \times 0^3 + 0^2 - 3 \times 0 - 1 = -1$$
$$f(1) = 1^5 - 2 \times 1^3 + 1^2 - 3 \times 1 - 1 = -4$$
$$f(2) = 2^5 - 2 \times 2^3 + 2^2 - 3 \times 2 - 1 = 13$$

このように，多項式によって定められる関数については，x を決めたときの値が四則演算（$+, -, \times, \div$）によって計算できます．

関数には，多項式で決まるもの以外のものがたくさんあります．ガリレオ，ニュートン以来，自然現象は数学で記述されるようになり，自然の本質である変化・運動は，関数で表されることになりました．たとえばある物体の温度が時間とともに変化するなら，時刻 t における温度 T は，時刻を与えると値が決まるのだから，t を変数とする関数になります．したがってその温度変化を知りたければ，

(2.1) $$T = f(t)$$

となる関数 $f(t)$ を求めればよい，ということになります．このようにして多くの関数が登場してきました．いくつか名前だけですが紹介しますと，

三角関数	$\sin x,\ \cos x,\ \tan x$
指数関数	e^x
対数関数	$\log x$
ベッセル関数	$J_\nu(x)$
ガンマ関数	$\Gamma(x)$
ゼータ関数	$\zeta(s)$
超幾何関数	${}_2F_1(\alpha,\beta,\gamma;x)$

といったものがあります．このうち三角関数と指数関数については，後の章で説明します．これらの関数は，その性質が詳しくわかっているので，自然現象がこれらの関数を使って表されたらその現象は完全に把握することができます．一方で，変数を与えたときのこれらの関数の値を求めるのは，多項式の場合と違って難しい問題です．少なくとも，四則演算をするだけでは値を求めることはできません．ところが級数の考え方を広げると，こういった難しい関数についても，その値をいくらでも正確に求めることが可能になります．この章ではその仕組みを見ていきましょう．

■べき級数

多項式に戻って考えます．一般の多項式は

$$a_n x^n + a_{n-1} x^{n-1} + \cdots + a_2 x^2 + a_1 x + a_0$$

という形をしています．ここで $a_0, a_1, a_2, \cdots, a_{n-1}, a_n$ は定数です．$a_n \neq 0$ なら n がこの多項式の次数になります．多項式を書くときは，上のように x の次数の高い項から順に並べ

るのが普通ですが，これを逆転して

$$a_0 + a_1 x + a_2 x^2 + \cdots + a_{n-1} x^{n-1} + a_n x^n$$

と書いてみます．するとこれは，右側にもっともっと続くものを n 次のところで打ち切った形に見えないでしょうか．つまり

$$f(x) = a_0 + a_1 x + a_2 x^2 + \cdots$$
$$+ a_{n-1} x^{n-1} + a_n x^n + a_{n+1} x^{n+1} + \cdots$$

という無限に続くものがあって，それを $a_n x^n$ のところまでで打ち切ると n 次多項式になる，というふうに考えるのです．ではこのときの $f(x)$ とはいったい何者でしょうか．

多項式で定まる関数の値を求めたのと同様に，この $f(x)$ についても x に何か値を入れてそのアウトプットを見てみましょう．まず $x=0$ を入れてみると，

$$f(0) = a_0$$

となり，これがアウトプットです．では $x=1$ を入れてみましょう．

$$f(1) = a_0 + a_1 \times 1 + a_2 \times 1^2 + \cdots + a_n \times 1^n + \cdots$$
$$= a_0 + a_1 + a_2 + \cdots + a_n + \cdots$$

となって，ここに級数が現れました．$x=2$ を入れてみても，

$$f(2) = a_0 + a_1 \times 2 + a_2 \times 2^2 + \cdots + a_n \times 2^n + \cdots$$
$$= a_0 + 2a_1 + 4a_2 + \cdots + 2^n a_n + \cdots$$

という級数になります．これらの級数は収束するかもしれないし，しないかもしれない．しかしもし収束するとしたら，ある値を定め，しかもその値をいくらでも正確に近似するものとなります．つまり変数 x の値に対するアウトプット $f(x)$ の値が決まるので，関数 $f(x)$ が定まることになります．

でも問題は，x の値1つ1つに対して異なる級数が現れるので，いちいちその収束を確かめるのが容易でないことです．この問題に有用な解決策を与えてくれるのが次の定理です．

定理 2.1

$$f(x) = a_0 + a_1 x + a_2 x^2 + \cdots \\ + a_{n-1} x^{n-1} + a_n x^n + a_{n+1} x^{n+1} + \cdots$$

に $x = x_0$ を代入したときの級数 $f(x_0)$ が収束したとする．このとき，$|x| < |x_0|$ をみたすすべての x に対して，$f(x)$ は収束する．

証明 厳密な証明は長くなるので，様子がわかる程度に証明の流れを記します．

$|a_n x_0^n|$ $(n = 0, 1, 2, \cdots)$ がどんどん大きくなると，$f(x_0)$ は収束しないので，$|a_n x_0^n|$ はどんな n についてもある一定の数よりは大きくならないことがわかります．つまりある正の数 M があって，

$$|a_n x_0{}^n| \leqq M \qquad (n = 0, 1, 2, \cdots)$$

が成り立ちます．

さて $|x|<|x_0|$ をみたす x を 1 つ取ります．すると

$$|a_n x^n| = |a_n x_0{}^n|\cdot\left|\frac{x}{x_0}\right|^n \leqq M\left|\frac{x}{x_0}\right|^n$$

が成り立ちますが，ここで $\left|\dfrac{x}{x_0}\right|<1$ だから，級数

$$M+M\left|\frac{x}{x_0}\right|+M\left|\frac{x}{x_0}\right|^2+\cdots+M\left|\frac{x}{x_0}\right|^n+\cdots$$

は収束します．これは前章最後のノートで説明した，等比級数の和に他なりません．このように，より大きなものたちの和が収束するのだから，

$$|a_0|+|a_1 x|+|a_2 x^2|+\cdots+|a_n x^n|+\cdots$$

も収束せざるを得ません．つまり $f(x)$ の各項に絶対値をつけた級数が収束します．このことから，絶対値をはずした級数である $f(x)$ も収束することがわかります．□

いくつか名前をつけます．

$$f(x)=a_0+a_1 x+a_2 x^2+\cdots+a_n x^n+\cdots$$

のことを，**べき級数**といいます．べき級数 $f(x)$ が，ある 0 でない x_0 を代入したときに収束すると，今の定理によって $|x|<|x_0|$ となるすべての x に対しても収束するのですが，このようなべき級数を**収束べき級数**と呼びます．そうではないようなべき級数ももちろんあります．たとえば

$$g(x) = 1 + 1!x + 2!x^2 + 3!x^3 + \cdots + n!x^n + \cdots$$

で与えられるべき級数は，すべての $x \neq 0$ に対して発散してしまいます．このような級数は発散べき級数と呼ぶべきかもしれませんが，この言い方はあまり使われません．

べき級数は多項式ではありませんが，その無限和を途中で打ち切ると多項式になり，それはもとのべき級数を近似する多項式です．そしてこの近似多項式は多項式ですから，各 x に対する値は四則演算をすることで求められます．したがってべき級数は，級数が実数に対して果たしていた役割を，関数に対して果たしているように思えます．一方実数の場合では，あらゆる実数が級数（無限小数）によって表されると述べました．では関数の場合，どんな関数もべき級数によって表されるでしょうか．

この答えは厳密には No で，べき級数により表される関数は，ある意味では非常に特殊なものに限られます．しかし一方，我々が目にしたり扱ったりする関数はほとんどすべて，べき級数で表されます．三角関数，指数関数，対数関数，ベッセル関数など，先に挙げた関数はすべて該当します．この意味ではべき級数で表される関数に話を限っても，十分豊かな内容になるのです．

■微分

それでは，与えられた関数を表すべき級数をどのように作るのか，ということを考えます．そのためには，まず微分というものが必要になります．

ある物体の温度変化を関数で表す，という例を挙げました．

(2.1) のところです．この $f(t)$ という関数がわかると，好きな時刻 t_0 における温度 T がどういう値になるのか，ということがわかります．t_0 の値を $f(t)$ に代入した値 $f(t_0)$ を求めればよいのです．ところが，ある時刻 t_0 において温度は上昇しているのか下降しているのか，ということは，このやり方ではわかりません．

それを知るためには，t_0 の前後の温度と比較する必要があります．そこでたとえば t_0 より少し後の時刻 t_1 を考え，$f(t_0)$ と $f(t_1)$ を比較してみます．$f(t_1)$ の方が値が大きければ，温度は上昇しているように思えますが，時刻 t_0 と t_1 の間にいったん温度が下がってまた上がったのかもしれないので，ちょうど t_0 の瞬間に温度が上昇中かどうかは判断できません．

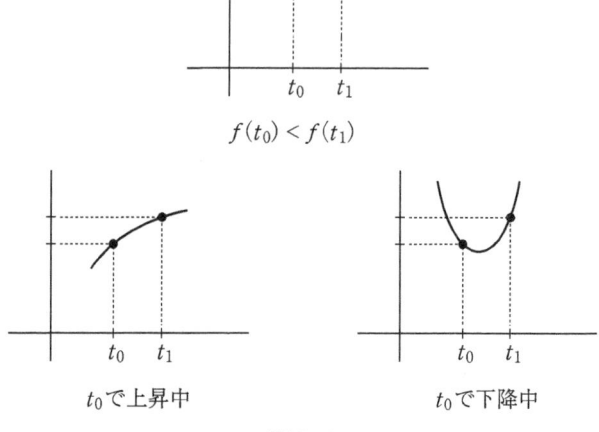

図2-1

t_1 が t_0 に近ければ近いほど判断の確からしさは上がりますが、それでも t_0 と t_1 の短い間に温度が下がって上がることが起きてないとは断定できません。つまり単純に2つの時刻における値を比較するだけでは、ある瞬間に温度が上昇中かどうかを判断することはできないのです。

そこで微分の登場です。次のような手続きを考えます。h を、0ではないけれど絶対値の非常に小さい数とします。2つの時刻 t_0 と t_0+h における $f(t)$ の値を比べましょう。

$$\Delta f = f(t_0+h) - f(t_0)$$

とおきます。h が正の数なら t_0+h は t_0 より後の時刻ですから、$\Delta f > 0$ であれば $f(t)$ は増加したことになるし $\Delta f < 0$ なら減少したことになります。一方 h が負の数なら t_0+h は t_0 より前の時刻ですから、逆に $\Delta f > 0$ であれば $f(t)$ は減少したことになるし $\Delta f < 0$ なら増加したことになります。h の正負によって Δf の正負の意味が変わってしまうのは面倒なことです。また t_0 という瞬間の増加・減少に興味があるので、h は0にしたいのですが、h を0にすると Δf も0になってしまって、情報が失われてしまいます。これらの難点を解決するアイデアは、Δf と h の比をとることです。

$$\frac{\Delta f}{h} = \frac{f(t_0+h) - f(t_0)}{h}$$

こうすると、h の正負にかかわらず、この値が正なら増加しているし、負なら減少していることになります。ただしこのまま h を0にすると、分母も分子も0になって数として定まりません。しかし h をどんどん0に近づけたときに、この値

$\dfrac{\Delta f}{h}$ が何かある値 A にどんどん近づいていくなら，その値 A が h を 0 にしたときのこの比の値と考えられるでしょう．そしてもし $f(t)$ が t_0 という瞬間に増加中であれば，$|h|$ がある値より小さい範囲では $\dfrac{\Delta f}{h}$ はずっと正になるので，A も正の数となります．同様に，$f(t)$ が t_0 という瞬間に減少中であれば A は負となります．

さらに A の正負だけではなく，その絶対値も $f(t)$ の増加・減少の様子を表しています．A の絶対値が大きければ，$f(t)$ の時刻 t_0 における増加あるいは減少が急激だということになるし，A の絶対値が小さければ増加・減少が緩やかだということになります．というのは，$\dfrac{\Delta f}{h}$ は $f(t)$ の変化量を経過時間で割っている量なので，時刻 t_0 と t_0+h の間の変化の急激さを表していて，A はその値に近いからやはり変化の急激さを表すからです．

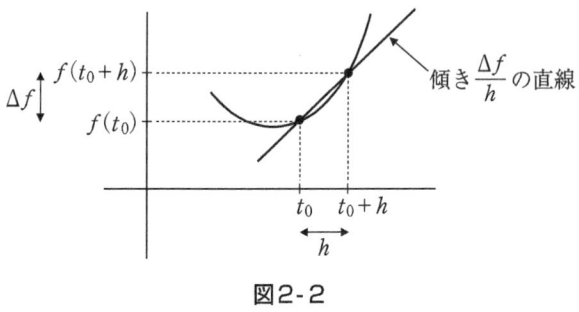

図2-2

この A を次のような記号で表します．

$$A = \lim_{h \to 0} \frac{f(t_0+h) - f(t_0)}{h}$$

これは,h がどんどん 0 に近づいていくときに $\frac{f(t_0+h)-f(t_0)}{h}$ がどんどん近づいていく値が A である,ということを表しています.A のことを,$f(t)$ の $t=t_0$ における**微分係数**といいます.微分係数は,関数の変化そのものを表す量ということになります.

t_0 という時刻をいろいろ動かすと,t_0 のそれぞれの値に応じて微分係数が決まります.ということは,微分係数は t_0 を変数とする関数ということです.この関数を $f(t)$ の**導関数**といい,$f'(t)$ と表します.

ここまでは時刻による温度変化という例で説明してきましたので変数に t という文字を使いましたが,一般の関数について定義される事柄になってきましたので,変数を x という文字に変えて,関数 $f(x)$ についてあらためて述べることにしましょう.

関数 $f(x)$ の導関数 $f'(x)$ は,次で定義される関数です.

$$(2.2) \qquad f'(x) = \lim_{h \to 0} \frac{f(x+h) - f(x)}{h}$$

導関数は各 x に対して微分係数を対応させる関数で,$f(x)$ の変化を表す関数です.関数 $f(x)$ について,その導関数 $f'(x)$ を求めることを $f(x)$ を**微分する**といいます.また導関数のことを**微分**とも呼びます.

いくつかの関数について,その導関数(微分)がどういうものになるかを見てみましょう.はじめの例として

$$f(x)=x^2$$

を考えます．これを微分します．

$$\begin{aligned}
f'(x) &= \lim_{h\to 0} \frac{f(x+h)-f(x)}{h} \\
&= \lim_{h\to 0} \frac{(x+h)^2 - x^2}{h} \\
&= \lim_{h\to 0} \frac{(x^2+2xh+h^2)-x^2}{h} \\
&= \lim_{h\to 0} \frac{2xh+h^2}{h} \quad \rfloor \\
&= \lim_{h\to 0} (2x+h) \quad \cdots (☆) \\
&= 2x
\end{aligned}$$

この計算によって，

$$f'(x)=2x$$

が得られました．今の計算では，(☆) のところまでは $h \neq 0$ として計算していって，(☆) になったところで $h=0$ として答えを出します． 」のところまでは分母に h があるために $h=0$ とはできないけれど，(☆) になると分母の h が分子にある h と打ち消し合って無くなるため，晴れて $h=0$ を代入することができるのです．つまり計算の方針としては，$h=0$ を代入できない形のときにはじっと我慢して，何とか $h=0$ を代入できる形に持っていき，それがうまくいったら $h=0$ を代入する，ということになります．

　もう1つやってみましょう．2番目の例として

$$f(x) = x^3$$

を考えます．

$$\begin{aligned}
f'(x) &= \lim_{h \to 0} \frac{(x+h)^3 - x^3}{h} \\
&= \lim_{h \to 0} \frac{(x^3 + 3x^2h + 3xh^2 + h^3) - x^3}{h} \\
&= \lim_{h \to 0} \frac{3x^2h + 3xh^2 + h^3}{h} \\
&= \lim_{h \to 0} (3x^2 + 3xh + h^2) \\
&= 3x^2
\end{aligned}$$

となります．計算の方針ははじめの例と同じです．これで計算の仕方は少しわかったかと思います．

それでは計算の仕方からはなれて，今得られた結果の意味を考えてみましょう．$f(x) = x^2$ のときには $f'(x) = 2x$ となりました．すると，$x > 0$ なら $f'(x) > 0$, $x < 0$ なら $f'(x) < 0$ となるので，$f(x)$ は $x < 0$ のときには減少し，$x > 0$ になると増加することがわかります．また $|f'(x)| = 2|x|$ なので，減少あるいは増加の度合いは，$|x|$ が大きいほど激しいこともわかります．

一方 $f(x) = x^3$ では，$f'(x) = 3x^2$ でした．この導関数は $x > 0$ でも $x < 0$ でも正になるので，$f(x)$ はひたすら増加し続ける関数であることがわかります．またその増加の度合いは，やはり $|x|$ が大きいほど激しいこともわかります．

ここで一般の多項式の微分の仕方を説明しましょう．まず単項式 x^n の微分を求めます．ただし n は自然数とします．

$$(x^n)' = \lim_{h \to 0} \frac{(x+h)^n - x^n}{h}$$

なので、$(x+h)^n$ を計算しておきます．これを展開しましょう．

$$(x+h)^n = \underbrace{(x+h)(x+h)\cdots(x+h)}_{n\text{ 個}}$$

だから，n 個あるカッコの1つ1つから x か h のどちらかを選んで，選ばれたものたち n 個の積を作り，それをあらゆる選び方について足し合わせると展開したことになります．もしすべてのカッコから x を選ぶと x^n が得られます．1つのカッコからは h を，残り $n-1$ 個のカッコからは x を選ぶと $x^{n-1}h$ が得られ，そうなるような選び方は n 通りあるから（n 個のカッコのうちどの1個から h を選ぶか，という場合の数が n です），これらから $nx^{n-1}h$ が得られます．2つ以上のカッコから h を選んで積を作ると，その積には当然ですが h の2乗以上が含まれます．したがって

$$(x+h)^n = x^n + nx^{n-1}h + (h \text{ について 2 次以上の項})$$

となることがわかりました．このことに注意すると，

$$\begin{aligned}(x^n)' &= \lim_{h \to 0} \frac{(x+h)^n - x^n}{h} \\ &= \lim_{h \to 0} \frac{(x^n + nx^{n-1}h + (h \text{ について 2 次以上の項})) - x^n}{h} \\ &= \lim_{h \to 0} \frac{nx^{n-1}h + (h \text{ について 2 次以上の項})}{h} \\ &= \lim_{h \to 0} (nx^{n-1} + (h \text{ について 1 次以上の項}))\end{aligned}$$

$$= nx^{n-1}$$

となり，

(2.3) $$(x^n)' = nx^{n-1}$$

が得られました．また定数 a の微分については，

(2.4) $$(a)' = 0$$

が成り立ちます．これは $\frac{a-a}{h} = 0$ から直ちにわかります．よって (2.3) は n が自然数のときだけでなく，$n=0$ のときも

$$(x^0)' = (1)' = 0$$

となって成り立つことになります．

次に，微分のごく基本的な性質を2つ証明しておきます．

定理 2.2

(2.5) $(f(x) \pm g(x))' = f'(x) \pm g'(x)$　　(複号同順)

(2.6) $(cf(x))' = cf'(x)$　　(c は定数)

証明 (2.5) の証明

$$\begin{aligned}
(f(x) \pm g(x))' &= \lim_{h \to 0} \frac{(f(x+h) \pm g(x+h)) - (f(x) \pm g(x))}{h} \\
&= \lim_{h \to 0} \frac{(f(x+h) - f(x)) \pm (g(x+h) - g(x))}{h}
\end{aligned}$$

$$= \lim_{h \to 0} \left(\frac{f(x+h)-f(x)}{h} \pm \frac{g(x+h)-g(x)}{h} \right)$$
$$= f'(x) \pm g'(x)$$

(2.6) の証明

$$(cf(x))' = \lim_{h \to 0} \frac{cf(x+h)-cf(x)}{h}$$
$$= \lim_{h \to 0} c \cdot \frac{f(x+h)-f(x)}{h}$$
$$= cf'(x) \quad \square$$

この定理と (2.3), (2.4) を組み合わせると，任意の多項式の微分が計算できます．たとえば $2x^3-5x+3$ の微分を計算しようと思うと，(2.5) によって

$$(2x^3-5x+3)' = ((2x^3-5x)+3)'$$
$$= (2x^3-5x)'+(3)'$$
$$= (2x^3)'-(5x)'+(3)'$$

となり，(2.6) によって

$$(2x^3)' = 2(x^3)', \quad (5x)' = 5(x)'$$

となり，最後に (2.3), (2.4) を使って

$$(2x^3 - 5x + 3)' = (2x^3)' - (5x)' + (3)'$$
$$= 2(x^3)' - 5(x)' + (3)'$$
$$= 2 \times 3x^2 - 5 \times 1 + 0$$
$$= 6x^2 - 5$$

が得られます．今は説明のためゆっくり計算してみましたが，慣れてくるとこの計算は一瞬でできます．たとえば

$$(4x^5 + 12x^3 - 2x^2 + 7x - 30)'$$
$$= 4 \times 5x^4 + 12 \times 3x^2 - 2 \times 2x + 7 \times 1 + 0$$
$$= 20x^4 + 36x^2 - 4x + 7$$

という具合です．

■テイラー展開

さてそれでは，関数 $f(x)$ が与えられたときに，それをべき級数として表す方法について説明します．ここでは $f(x)$ が

(2.7) $\quad f(x) = a_0 + a_1 x + a_2 x^2 + a_3 x^3 + \cdots + a_n x^n + \cdots$

というべき級数の形に書けたとして，そのときの係数 $a_0, a_1, a_2, a_3, \cdots$ を決めるという話だと考えます．

a_0 を求めるのは簡単で，(2.7) の両辺に $x = 0$ を代入すればよいでしょう．すると

$$f(0) = a_0$$

が得られます．ただしこの方法では $a_1, a_2, \cdots$ を求めることはできません．そこで (2.7) の両辺を微分してみます．右辺

はべき級数ですが，多項式のときと同じやり方で微分を求めることができます．すなわち

$$f'(x) = (a_0)' + a_1(x)' + a_2(x^2)' + a_3(x^3)'$$
(2.8)
$$+ \cdots + a_n(x^n)' + \cdots$$
$$= a_1 + 2a_2 x + 3a_3 x^2 + \cdots + n a_n x^{n-1} + \cdots$$

となります．こうしておいてから両辺に $x=0$ を代入すると，

$$f'(0) = a_1$$

が得られ，これで a_1 を決めることができました．(2.8) の両辺をさらに微分してみます．左辺の $f'(x)$ を微分するということは，$f(x)$ から数えると 2 回微分していることになるので，それを $f''(x)$ と表します．すると

(2.9)
$$f''(x) = 2a_2 + 3 \cdot 2 a_3 x + 4 \cdot 3 a_4 x^2 + \cdots + n(n-1) a_n x^{n-2} + \cdots$$

が得られます．これに $x=0$ を代入して

$$f''(0) = 2a_2$$

となるので，

$$a_2 = \frac{f''(0)}{2}$$

によって a_2 が決まります．

もう 1 段やってみましょう．(2.9) の両辺を微分します．左辺は $f(x)$ から数えると 3 回微分することになるので，$f'''(x)$

と表します．

$$f'''(x) = 3 \cdot 2 a_3 + 4 \cdot 3 \cdot 2 a_4 x + \cdots + n(n-1)(n-2) a_n x^{n-3} + \cdots$$

ここで $x=0$ を代入して，

$$f'''(0) = 3 \cdot 2 a_3$$
$$a_3 = \frac{f'''(0)}{3 \cdot 2}$$

が得られます．このようにして $a_0, a_1, a_2, a_3, \cdots$ と順に決まっていきます．これを続けて a_n を決めるところまで行き着くには，$f(x)$ を n 回微分する必要があります．それを $\overbrace{f''^{\cdots\prime}}^{n個}(x)$ と書くのは大変なので，$f^{(n)}(x)$ と表します．すると

$$f^{(n)}(x) = n! a_n + (n+1)n \cdots 2\, a_{n+1} x \\ + (n+2)(n+1) \cdots 3\, a_{n+2} x^2 + \cdots$$

となることがわかるでしょう．これで $x=0$ を代入すると

$$f^{(n)}(0) = n! a_n$$

となるので，これから

(2.10) $$a_n = \frac{f^{(n)}(0)}{n!}$$

が得られます．(2.10) で $n=0,1,2,3$ とすると，今まで求めた結果に一致することがわかります．

こうして決まる a_n を用いると，(2.7) によって $f(x)$ をべき級数で表すことができます．このべき級数を，$f(x)$ の**テイ**

ラー展開といいます（正確には，$x=0$ におけるテイラー展開といいます）．以上の事柄をまとめましょう．

定理 2.3 $f(x)$ のテイラー展開

$$f(x) = a_0 + a_1 x + a_2 x^2 + a_3 x^3 + \cdots + a_n x^n + \cdots$$

は，

$$a_n = \frac{f^{(n)}(0)}{n!} \qquad (n = 0, 1, 2, 3, \cdots)$$

と a_n を定めることによって決まる．

　こうして，関数 $f(x)$ が与えられたとき，その微分がどんどん計算できればテイラー展開が求まり，$f(x)$ をべき級数で表すことができるのです．

3　三角関数

　三角関数は，直角三角形の辺の比である三角比に由来する関数です．∠C = 90° である直角三角形 ABC において，∠B の値を θ と書くことにすると，θ によって辺の比

$$AB : BC : CA$$

が決まってしまいます．これは，同じ θ を1つの内角に持つほかの直角三角形 A'B'C'（∠B' = θ, ∠C' = 90° とします）を持ってきたとき，2角が等しいことにより

$$\triangle ABC \backsim \triangle A'B'C'$$

となるから，

$$AB : BC : CA = A'B' : B'C' : C'A'$$

が成り立つことによります．このことから

$$\frac{AC}{AB}, \ \frac{BC}{AB}, \ \frac{AC}{BC}$$

の3つは θ によって決まる数となるので，θ を変数とする関数と思うことができます．これらをそれぞれ $\sin\theta, \cos\theta, \tan\theta$ という記号で表し，サイン，コサイン，タンジェントという

名前で呼びます．すなわち

$$\sin\theta = \frac{AC}{AB},\ \cos\theta = \frac{BC}{AB},\ \tan\theta = \frac{AC}{BC}$$

です．この3つの関数を総称して，**三角関数**と呼びます．

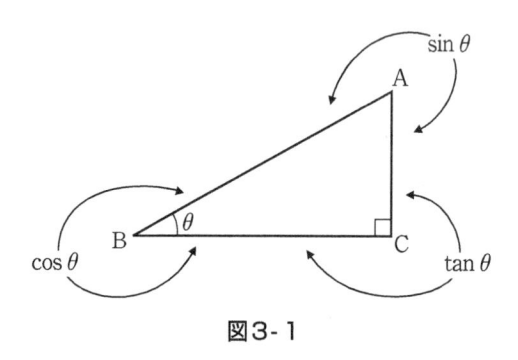

図3-1

　この定義では，θ は直角三角形の内角なので $0° < \theta < 90°$ に限定されます．つまり $\sin\theta, \cos\theta, \tan\theta$ の定義域は $0° < \theta < 90°$ ということです．この定義域を，$\sin\theta, \cos\theta$ については実数全体に，$\tan\theta$ についてはほぼ実数全体にまで広げることができます．

　関数の定義域を広げる，というのは，実はこの本の隠れたテーマです．そこでこのことについて少し深く考えてみましょう．

　$\sin\theta$ を例にとって考えます．$\sin\theta$ のグラフは次のようになります．

図3-2

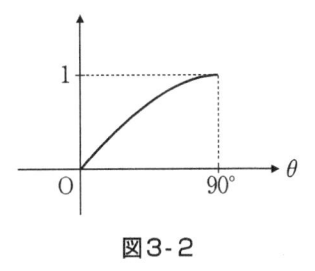

定義域が $0° < \theta < 90°$ なので，その範囲でしかグラフは描かれていません．定義域を広げるということは，この範囲の外のところまでグラフが描かれるようになる，ということです．だから単に定義域を広げるだけならば，この範囲の外にまで勝手にグラフを延ばせばよいでしょう．

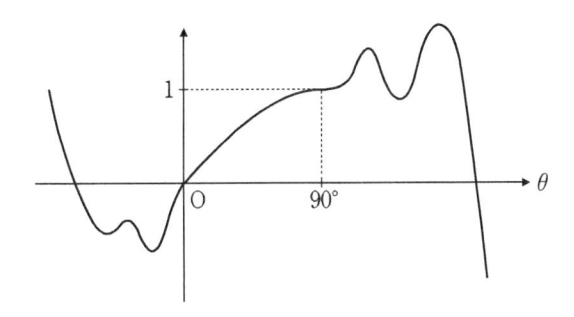

図3-3

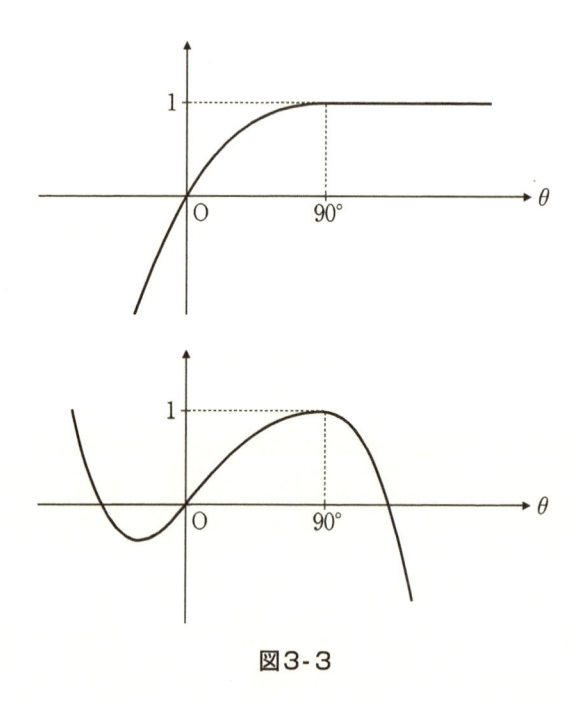

この図のどれでも，定義域を広げたことになっています．このように，何の条件も課さないならば，どのようにでも定義域を広げることは可能なのです．

実は定義域の「良い」広げ方というものがあって，我々はいつでもその広げ方を考えます．「良い」広げ方とは，広げる前の定義域において成り立っていた良い性質が，広げたあと

でも成り立ち続けるような広げ方です．この場合の「良い性質」というものをきちんと説明しないといけませんが，それはなかなかやっかいなので，ここでは例を挙げて説明に代えさせてもらいます．

三角比という定義から，三角関数では $0° < \theta < 90°$ において次のようないろいろな公式が成り立つことがわかります．

(3.1)
$$\sin(90° - \theta) = \cos\theta, \quad \cos(90° - \theta) = \sin\theta, \quad \tan\theta = \frac{\sin\theta}{\cos\theta}$$

(3.2) $$\sin^2\theta + \cos^2\theta = 1$$

(3.3)
$$\sin(\alpha \pm \beta) = \sin\alpha\cos\beta \pm \cos\alpha\sin\beta,$$
$$\cos(\alpha \pm \beta) = \cos\alpha\cos\beta \mp \sin\alpha\sin\beta$$

これらは，定義域の良い広げ方をしたときに成り立ち続けるべき性質となります．これらの公式が成り立ち続けるように定義域を広げるにはどうすればよいか，というのが問題です．

一般の関数について，「このように広げればよい」という万能の方法は知られていませんが，三角関数の場合にはいくつかの方法があります．そしてどの方法で広げても，得られる答えは同じです．

1つの方法は，公式 (3.3) を使うものです．(3.3) は $\alpha, \beta, \alpha \pm \beta$ がすべて定義域に入っているときに成り立つ式ですが，α と β さえ定義域に入っていれば右辺は定義されます．そこで $\alpha + \beta$ や $\alpha - \beta$ が定義域をはみ出した場合の $\sin(\alpha \pm \beta)$ や $\cos(\alpha \pm \beta)$ の値は，右辺が定義されるときには右辺で定義す

ればよいのです．たとえば $0° < \alpha < 90°$ のとき，

$$\sin 0° = \sin(\alpha - \alpha) = \sin\alpha\cos\alpha - \cos\alpha\sin\alpha = 0,$$
$$\cos 0° = \cos(\alpha - \alpha) = \cos\alpha\cos\alpha + \sin\alpha\sin\alpha = 1$$

となるから，

$$\sin 0° = 0, \ \cos 0° = 1$$

と定義しなくてはなりません．するとさらに，$0° < \alpha < 90°$ として，

$$\begin{aligned}\sin(-\alpha) &= \sin(0° - \alpha) \\ &= \sin 0° \cos\alpha - \cos 0° \sin\alpha \\ &= 0 \times \cos\alpha - 1 \times \sin\alpha \\ &= -\sin\alpha\end{aligned}$$

となるので，

$$\sin(-\alpha) = -\sin\alpha$$

が得られます．同様にして

$$\cos(-\alpha) = \cos\alpha$$

も得られます．

今得られた結果により，$-90° < \theta < 90°$ の範囲で $\sin\theta$ のグラフを描いてみると

図3-4

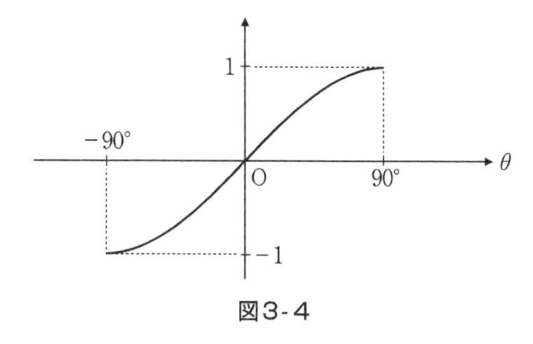

のようになります．同じようなやり方で，$\sin\theta, \cos\theta$ の定義域をさらにどんどん広げることができます．$\tan\theta$ については，$\sin\theta, \cos\theta$ の定義域が実数全体に広がれば，(3.1) を用いることで，$\cos\theta = 0$ となるような θ の値を除いたすべての実数に対して定義されることがわかります．

1つ気がかりなのは，定義域の良い広げ方で成り立ち続けるべき性質のうちの1つ (3.3) を使ったので，(3.3) が広がった定義域で成り立ち続けるのは良いとしても，そのほかの性質 (3.1) や (3.2) はこの広げ方で成り立ち続けるだろうか，という点です．これについてはここでは説明できませんが，「関数関係不変の原理」と呼ばれる定理があって，大丈夫であることが保証されます．

2番目の方法は，高校の教科書にも載っているもので，単位円を使う方法です．xy-平面に，原点を中心とする半径1の円を考えます．この円を単位円といいます．単位円上に点Pをとります．原点とPを結ぶ線分と，x 軸の正の部分とのなす角を θ とするとき，P の x 座標を $\cos\theta$, y 座標を $\sin\theta$ と定

義します.

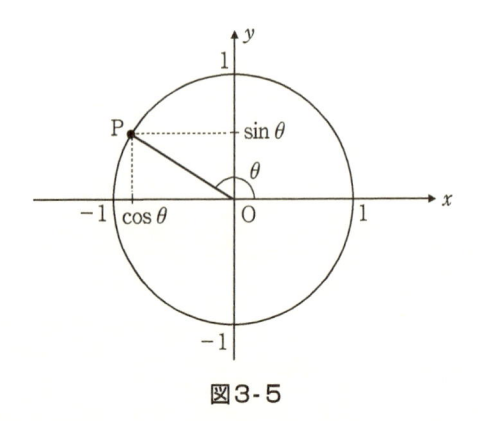

図3-5

$0° < \theta < 90°$ のときには P は第 1 象限にあり,この定義ははじめの直角三角形を用いた定義と一致することがわかります.

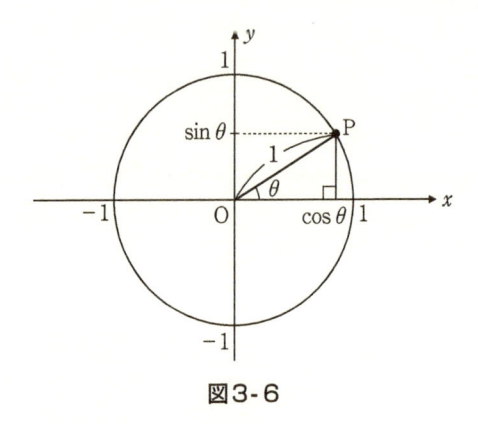

図3-6

この定義の仕方は少し天下り的で, なぜこうするとうまくいくのかは見えにくいのですが, この定義によると (3.1), (3.2), (3.3) が成り立ち続けることは割と楽に確かめられます. 特に (3.2) は, P が単位円上にあることから直ちにわかるでしょう.

これらのほかにも, 定義域を広げる方法はいくつか考えられます. ただしどの方法で広げても, 同じ結果が得られます. その結果を与えましょう. まず次が成り立ちます.

$$\begin{cases} \sin(-\theta) = -\sin\theta \\ \cos(-\theta) = \cos\theta \\ \tan(-\theta) = -\tan\theta \end{cases}$$

$$\begin{cases} \sin(\theta+90°) = \cos\theta \\ \cos(\theta+90°) = -\sin\theta \\ \tan(\theta+90°) = -\dfrac{1}{\tan\theta} \end{cases}$$

これらの等式を用いると, $0° \leqq \theta < 90°$ の範囲の $\sin\theta, \cos\theta, \tan\theta$ の値から, すべての実数 θ に対する三角関数の値 (ただし $\tan\theta$ については $\cos\theta = 0$ となる θ を除く) が決められます. 特に次が成り立つことが導かれます.

$$\begin{cases} \sin(\theta+360°) = \sin\theta \\ \cos(\theta+360°) = \cos\theta \\ \tan(\theta+180°) = \tan\theta \end{cases}$$

したがって, $\sin\theta, \cos\theta$ については $0° \leqq \theta < 360°$ の範囲, $\tan\theta$ については $0° \leqq \theta < 180°$ の範囲で関数の値がわかれば, すべ

ての実数について値が決まることになります.

こうした結果をもとに，三角関数のグラフを描くことができます.

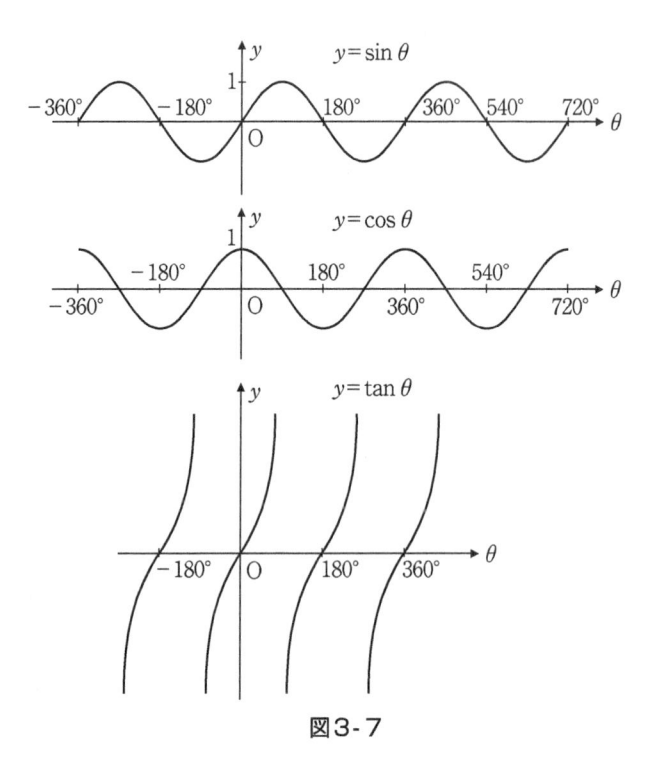

図3-7

360°ごとに同じ形の曲線が繰り返すことがわかると思います．このことを，三角関数は360°を**周期**に持つ，といいます（ただし$\tan\theta$については，180°が既に周期となっています）．

3 三角関数

■ラジアン

ここで角度の測り方を変えます．今まで使ってきた 90° とか 360° という角度の表し方は，1 周を 360 等分した角度を 1° と定めて，その 1° が何個集まっているかを記述するものです．この測り方は実用上は便利ですが，1 周を 360 等分するということに実用以上の意味はないので，この先議論を進めるためにはもっと数学的に意味のある測り方が必要となります．

新しい角度の測り方は，単位円を用います．単位円上に定点 $(1, 0)$ をとり，A とおきましょう．単位円上に点 P をとると，原点 O を頂点とする扇形 POA ができます．

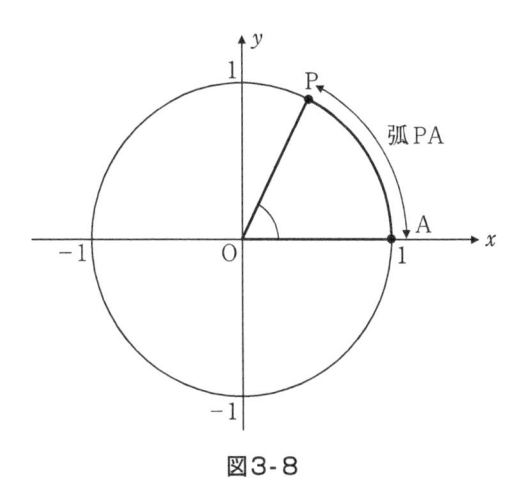

図3-8

∠POA の大きさは，円弧 PA の長さに比例するので，その長さで ∠POA という角度を表すことにします．この方法では，

51

360°は半径1の円の円周の長さになりますから，2πで表されます．すると180°はπ, 90°は$\dfrac{\pi}{2}$となりますね．したがって，換算するには

(3.4) $$180° = \pi \text{ ラジアン}$$

を用いればよいことになります．また慣習として，ラジアンで表した角度については，ラジアンという単位名を普通は省略します．つまり角度として単にπといわれたら，それはπラジアンのことで，つまり180°を表しているのです．

いくつかの角度について対応表を与えておきましょう．

度	0°	30°	45°	60°	90°	120°	180°	270°	360°
ラジアン	0	$\dfrac{\pi}{6}$	$\dfrac{\pi}{4}$	$\dfrac{\pi}{3}$	$\dfrac{\pi}{2}$	$\dfrac{2\pi}{3}$	π	$\dfrac{3\pi}{2}$	2π

2π（360°）を超える角度やマイナスの角度についても，円弧の長さという直接的な意味は失われますが，換算率(3.4)によってラジアンで表すこととします．たとえば720°は4π, $-180°$は$-\pi$となります．

■三角関数の微分

少しつらくなってきたでしょうか．この章のゴールは三角関数（$\sin\theta$と$\cos\theta$）のテイラー展開を求めることで，ゴールまではあと一息です．そのための最後のステップとして，$\sin\theta$と$\cos\theta$の微分を求めましょう．

説明をわかりやすくするため，$0 < \theta < \dfrac{\pi}{2}$としておきます．微分の定義によると，

3 三角関数

$$(\sin\theta)' = \lim_{h \to 0} \frac{\sin(\theta+h) - \sin\theta}{h},$$
$$(\cos\theta)' = \lim_{h \to 0} \frac{\cos(\theta+h) - \cos\theta}{h}$$

でした．これらの量を計算するため，次のような図を考えます．

まず xy-平面に単位円を描き，角度 θ の半直線との交点を P，角度 $\theta+h$ の半直線との交点を Q とします．ここで h は絶対値の非常に小さな正の数としておきます．P から y 軸に下ろした垂線と，Q から x 軸に下ろした垂線との交点を R とおきましょう．

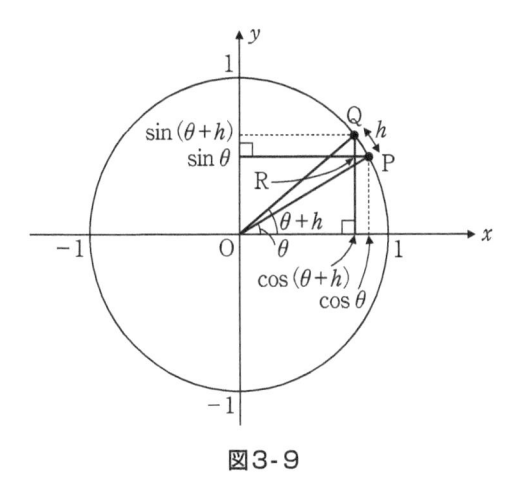

図3-9

すると △PQR においては，

$$QR = \sin(\theta+h) - \sin\theta,$$
$$PR = \cos\theta - \cos(\theta+h)$$

となっていることが（単位円を用いた）三角関数の定義からわかります．また円弧 QP の長さは，ラジアンの定義によって h です．

P における単位円の接線を ℓ とすると，ℓ と直線 OP は直交します．RQ を延長して ℓ と交わった点を Q′ としましょう．すると

$$\angle PQ'R = \theta$$

となることがわかります．

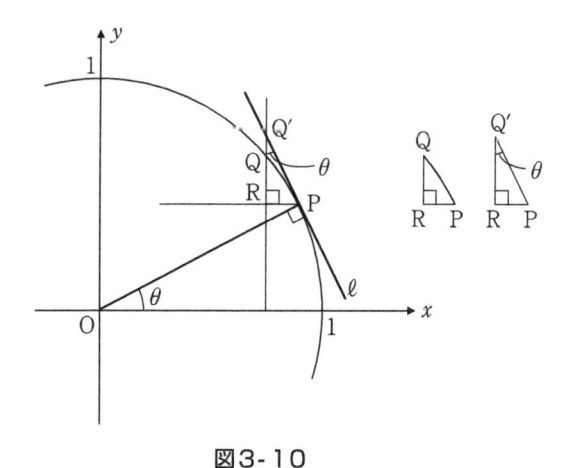

図3-10

h が非常に小さいので，図形 PQR は △PQ′R とほぼ同じ

図形となります.特に円弧 QP の長さは Q′P と近く,QR は Q′R に近くなります.よって

$$\frac{\sin(\theta+h)-\sin\theta}{h} = \frac{\text{QR}}{\text{円弧 QP の長さ}} \fallingdotseq \frac{\text{Q′R}}{\text{Q′P}} = \cos\theta$$

が得られます.ここで $h\to 0$ とすると,この近似はますます良くなりこそすれ悪くなることはないので,

$$\lim_{h\to 0}\frac{\sin(\theta+h)-\sin\theta}{h} = \cos\theta$$

となることがわかります.同様に考えると,

$$\frac{\cos(\theta+h)-\cos\theta}{h} = \frac{-\text{PR}}{\text{円弧 QP の長さ}} \fallingdotseq -\frac{\text{PR}}{\text{Q′P}} = -\sin\theta$$

となるので,これより

$$\lim_{h\to 0}\frac{\cos(\theta+h)-\cos\theta}{h} = -\sin\theta$$

が得られます.

こうして $\sin\theta, \cos\theta$ の微分を計算することができました.これらの結果をまとめておきましょう.

定理 3.1

$$(\sin\theta)' = \cos\theta$$
$$(\cos\theta)' = -\sin\theta$$

■三角関数のテイラー展開

いよいよこの章のゴールです．$\sin\theta$ と $\cos\theta$ のテイラー展開を求めましょう．ところで今まで変数には θ という文字を使ってきましたが，これからは関数らしく x を変数の文字に使うことにします．ということで $\sin x, \cos x$ のテイラー展開を考えることにします．

前章の定理 2.3 を使いましょう．$\sin x$ のテイラー展開

$$\sin x = a_0 + a_1 x + a_2 x^2 + a_3 x^3 + \cdots + a_n x^n + \cdots$$

を求めたいときには，$f(x) = \sin x$ とおくとき

(3.5) $$a_n = \frac{f^{(n)}(0)}{n!}$$

となっているので，この右辺の値を求めればよいことになります．そこで $f(x) = \sin x$ をどんどん微分していきましょう．

定理 3.1 によって

$$f'(x) = (\sin x)' = \cos x$$

がまずわかります．これを使うと，

$$f''(x) = (\cos x)'$$

となって，これはまた定理 3.1 を使って，

$$f''(x) = (\cos x)' = -\sin x$$

です．さらにこれを使うと，

$$f'''(x) = (-\sin x)' = -(\sin x)' = -\cos x$$

となります．もう1回微分してみます．

$$f^{(4)}(x) = (-\cos x)' = -(\cos x)' = \sin x$$

となりますね．4回微分したところで，もとの $\sin x$ に戻ってしまいました．そうすると，5回微分するのは1回微分するのと同じ，6回微分するのは2回微分するのと同じ，という具合になって，微分するごとに

$$\sin x, \quad \cos x, \quad -\sin x, \quad -\cos x$$

がこの順に繰り返していくことになります．これら4つの関数の $x=0$ における値は，それぞれ

(3.6) $\qquad\qquad 0, \quad 1, \quad 0, \quad -1$

ですから，

$$f(0)=0,\ f'(0)=1,\ f''(0)=0,\ f'''(0)=-1,$$
$$f^{(4)}(0)=0,\ f^{(5)}(0)=1,\ f^{(6)}(0)=0,\ f^{(7)}(0)=-1,$$
$$f^{(8)}(0)=0,\ f^{(9)}(0)=1,\cdots$$

となっていくことがわかります．これを (3.5) に入れると，

$$a_0=0,\ a_1=1,\ a_2=0,\ a_3=-\frac{1}{3!},\ a_4=0,$$
$$a_5=\frac{1}{5!},\ a_6=0,\ a_7=-\frac{1}{7!},\cdots$$

となることがわかるでしょう．したがって $\sin x$ のテイラー

展開は, $a_n = 0$ となる項は省くと

$$\sin x = x - \frac{x^3}{3!} + \frac{x^5}{5!} - \frac{x^7}{7!} + \frac{x^9}{9!} - \cdots$$

となることがわかります.

この考察を流用すると, $\cos x$ のテイラー展開も直ちに得られます. $\sin x$ の微分が $\cos x$ でしたから, $\sin x$ をどんどん微分していって現れる4つの関数のサイクルを, 2番目から読めば, それは $\cos x$ をどんどん微分していって現れる関数ということになるからです. したがってそれらの $x = 0$ における値は, (3.6) を2番目から読めばよいので,

$$1, 0, -1, 0, 1, 0, -1, 0, 1, 0, -1, 0, \cdots$$

というように $1, 0, -1, 0$ の繰り返しになります. これを (3.5) に当てはめれば, 次の通り $\cos x$ のテイラー展開が求まります.

$$\cos x = 1 - \frac{x^2}{2!} + \frac{x^4}{4!} - \frac{x^6}{6!} + \frac{x^8}{8!} - \cdots$$

この結果をあらためてまとめておきましょう.

定理 3.2 $\sin x, \cos x$ のテイラー展開は,

(3.7) $$\sin x = x - \frac{x^3}{3!} + \frac{x^5}{5!} - \frac{x^7}{7!} + \frac{x^9}{9!} - \cdots$$

(3.8) $$\cos x = 1 - \frac{x^2}{2!} + \frac{x^4}{4!} - \frac{x^6}{6!} + \frac{x^8}{8!} - \cdots$$

で与えられる.

4　指数関数

2 を 3 つ掛け合わせることを 2^3 と表します．

$$2^3 = \overset{3\text{ 個}}{\overbrace{2 \times 2 \times 2}}$$

このとき 2 を**底の数**（あるいは単に**底**），3 を**指数**と呼びます．指数関数というのは，底の数を 1 つ固定しておいて，指数のところを変数 x にして動かす関数です．2 を底とする指数関数は 2^x，3 を底とする指数関数は 3^x と書かれます．これらの指数関数の値をどう定義するのか，ということをはじめに説明しましょう．

2 を底とする指数関数 2^x で説明します．x が自然数 $1, 2, 3,$ $\cdots$ のときは，

$$2^x = \overset{x\text{ 個}}{\overbrace{2 \times 2 \times \cdots \times 2}}$$

によって値を定めます．これははじめに述べた 2^3 の定義と同じです．よってたとえば

$$2^2 = 4, \ 2^3 = 8, \ 2^4 = 16, \ 2^5 = 32$$

となります．

x が正の有理数のときは,次のようにします.$x=\dfrac{p}{q}$ (p,q は自然数)と表されるので,まず

(4.1) $$b^q = 2$$

となる正の数 b を持ってきます.そして

$$2^{\frac{p}{q}} = b^p$$

と定めます.たとえば $x=\dfrac{1}{2}$ とすると,$b^2=2$ となる正の数は $b=\sqrt{2}$ ですから,

$$2^{\frac{1}{2}} = \sqrt{2}$$

となり,また $x=\dfrac{3}{2}$ とすると

$$2^{\frac{3}{2}} = (\sqrt{2})^3 = 2\sqrt{2}$$

となります.(4.1) をみたす正の数 b は $\sqrt[q]{2}$ と書かれるので,

$$2^{\frac{p}{q}} = (\sqrt[q]{2})^p$$

ということになります.

有理数でない数(無理数)x に対しては,級数の考え方を用いて値を定義することにします.第1章で見たように,任意の(正の)実数は無限小数で表され,その無限小数は級数の1種でした.つまりどんな(正の)実数 x も,有理数からなる収束級数で表されます:

(4.2)
$$x = a_0 + a_1 + a_2 + a_3 + \cdots \qquad (a_0, a_1, a_2, a_3, \cdots \text{は有理数})$$

円周率 π であれば,

$$\pi = 3.141592\cdots$$
$$= 3 + \frac{1}{10} + \frac{4}{10^2} + \frac{1}{10^3} + \frac{5}{10^4} + \frac{9}{10^5} + \frac{2}{10^6} + \cdots$$

という具合です. (4.2) の右辺の級数を途中で打ち切ると, 打ち切ったところまでの和は有理数ですから, それに対する指数関数の値は定義されます. すなわち

(4.3) $\qquad 2^{a_0}, \ 2^{a_0+a_1}, \ 2^{a_0+a_1+a_2}, \ 2^{a_0+a_1+a_2+a_3}, \cdots$

といった数はすべて定義されていました. 打ち切る場所をどんどん後ろの方にもっていくと, この数の列 (4.3) はある一定の数にどんどん近づいていくことが示されます. その極限値である「一定の数」をもって, 2^x の値と定めます. たとえば 2^π の値であれば,

$$2^3, \ 2^{3.1}, \ 2^{3.14}, \ 2^{3.141}, \ 2^{3.1415}, \ 2^{3.14159}, \ 2^{3.141592}, \cdots$$

といった数の列の極限値と定めるのです. こうしてすべての正の実数 x に対して, 2^x の値が定義されました.

次に, $x = 0$ に対しては,

$$2^0 = 1$$

と定めます. また $x < 0$ のときには,

$$2^x = \frac{1}{2^{-x}}$$

と定めます．このようにすると，すべての有理数 x に対して 2^x の値が定まります．

以上，底の数を 2 とした指数関数 2^x を定義してきましたが，一般の正の数 a を底とする指数関数 a^x は，2 のところを a と読み替えれば同様に定義できます（底を正の数に限定するのは，$a^{\frac{1}{2}} = \sqrt{a}$ を考えたりするとき，$a < 0$ だと実数値にならないからです）．

さてこうして定義された指数関数 a^x は，次の重要な性質をみたします．

定理 4.1（加法定理）

(4.4) $$a^{x+y} = a^x a^y$$

証明 x, y が自然数のときには，この定理は簡単に示せます．

$$a^x a^y = \underbrace{a \times \cdots \times a}_{x \text{ 個}} \times \underbrace{a \times \cdots \times a}_{y \text{ 個}} = \underbrace{a \times \cdots \times a}_{x+y \text{ 個}} = a^{x+y}$$

ということです．

次に x, y が有理数のときに証明しようと思いますが，証明の仕組みは例を見ればわかるので，

$$x = \frac{1}{3}, \ y = \frac{2}{5}$$

の場合を示すことにします.2つの有理数 x, y の和を通分して求めると,

$$x+y = \frac{1}{3} + \frac{2}{5} = \frac{5}{15} + \frac{6}{15} = \frac{11}{15}$$

となりますね.そこで

$$b^{15} = a$$

となる正の数 b をとりましょう.すなわち $b = a^{\frac{1}{15}}$ です.そうすると上の通分の計算のように,

$$\begin{aligned}
a^{\frac{1}{3}} \times a^{\frac{2}{5}} &= a^{\frac{5}{15}} \times a^{\frac{6}{15}} \\
&= b^5 \times b^6 \\
&= b^{11} \\
&= a^{\frac{11}{15}}
\end{aligned}$$

となって,x, y が整数の場合に帰着させることができ,(4.4) が示されました.

これで有理数の場合の証明がわかったことにして,あとは一般の実数の場合になりますが,実数における指数関数の値は有理数における値を元に決めていますので,有理数の場合に成り立つ公式は極限である実数についても成り立つことが示せます.その議論はここでは省きましょう.□

次に,今の加法定理よりは重要でないけれど,やはり基本的な性質を挙げておきます.

定理 4.2

(4.5) $$(a^x)^y = a^{xy}$$

証明 これも x, y が自然数のときにはほぼ明らかです．左辺は a を x 個掛け合わせたものを，y 個掛け合わせるということだから，合計 $x \times y$ 個掛け合わせることになって，それが右辺です．式で表すと，

$$(a^x)^y = \overbrace{\overbrace{(a \times \cdots \times a)}^{x\,個} \times \cdots \times \overbrace{(a \times \cdots \times a)}^{x\,個}}^{y\,個}$$
$$= \overbrace{a \times \cdots \times a}^{xy\,個}$$
$$= a^{xy}$$

となります．

x, y が有理数のときは，定理 4.1 と同様に例で示しましょう．今度も

$$x = \frac{1}{3},\ y = \frac{2}{5}$$

としましょう．

$$c^3 = a$$

となる正の数 c をとります．すなわち $c = a^{\frac{1}{3}}$ です．すると定義によって

$$(a^{\frac{1}{3}})^{\frac{2}{5}} = c^{\frac{2}{5}} = (c^{\frac{1}{5}})^2$$

となります. そこでさらに

$$b^5 = c$$

となる正の数 b をとりましょう. このとき, 整数に対しては (4.5) が成り立つので,

$$b^{15} = b^{5 \times 3} = (b^5)^3 = c^3 = a$$

となって, $b = a^{\frac{1}{15}}$ であることがわかります. さてそうすると

$$(a^{\frac{1}{3}})^{\frac{2}{5}} = (c^{\frac{1}{5}})^2 = b^2 = (a^{\frac{1}{15}})^2 = a^{\frac{2}{15}}$$

となり, (4.5) が示されました.

x, y が有理数の場合に成り立てば, 実数の場合にも成り立つことが示せるのですが, その議論はやはり省きます. □

指数関数の底の数としては正の数を用いるといいましたが, それが 1 より大きいか小さいかによって, 関数の性質が変わります. そこで煩わしさを避けるため, しばらくの間底の数としては 1 より大きい数を考えることにしましょう.

というわけで, $a > 1$ として指数関数 a^x を考えます. この指数関数は単調増加です. すなわち

(4.6) $\qquad x < y \;\;\Rightarrow\;\; a^x < a^y$

が成り立ちます. これも x, y が有理数のときに示しましょう.

$$\frac{a^y}{a^x} = a^{y-x}$$

だから，仮定から $y-x$ は正の有理数となります．よって正の有理数 $\frac{m}{n}$ (m, n は自然数) について，

$$a^{\frac{m}{n}} > 1$$

が成り立つことを示せばよいでしょう．そこで

$$b^n = a$$

をみたす正の数 b をとります．もし $0 < b \leqq 1$ だとすると，$b^n \leqq 1$ となるので $b^n = a > 1$ に反します．よって $b > 1$ であることがわかります．すると

$$a^{\frac{m}{n}} = b^m > 1$$

が成り立つことになります．これで (4.6) が証明できました．

 指数関数 a^x のグラフを与えましょう．底の数 a が $a > 1$ をみたす場合を描きます．単調増加なので，グラフが右上がりになっていますね．

図4-1

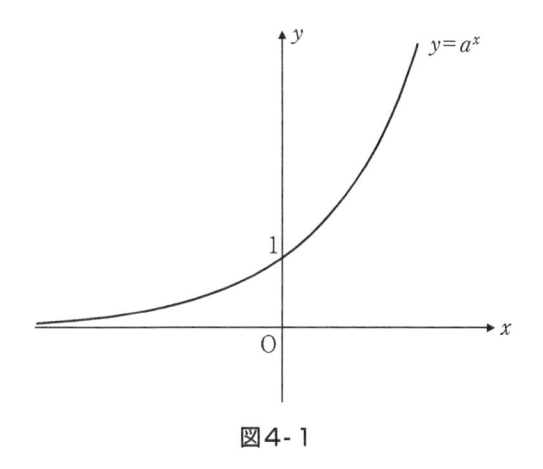

■指数関数の微分

この章のゴールも指数関数のテイラー展開を求めることで，その1つ前のステップとして，指数関数 a^x の微分を求めましょう．微分の定義から，

$$(a^x)' = \lim_{h \to 0} \frac{a^{x+h} - a^x}{h}$$

です．この右辺を，定理 4.1 の加法定理を使って計算します．

$$\frac{a^{x+h} - a^x}{h} = \frac{a^x \times a^h - a^x}{h} = a^x \times \frac{a^h - 1}{h}$$

すると

$$(a^x)' = \lim_{h \to 0} a^x \times \frac{a^h - 1}{h}$$

ですが，右辺の a^x は h に関係していないので，

$$(a^x)' = a^x \lim_{h \to 0} \frac{a^h - 1}{h}$$

ということになります．そこで

(4.7) $$\lim_{h \to 0} \frac{a^h - 1}{h} = \ell(a)$$

とおきましょう．この極限値がちゃんと決まることは，少しやっかいですが証明できます．ここではその証明は述べませんが，興味のある方は，たとえば一松信著『解析学序説〈上〉』（裳華房）などを参照下さい．というわけで，

(4.8) $$(a^x)' = \ell(a) a^x$$

となりました．したがって $\ell(a)$ という数がわかれば，a^x の微分が求まります．そこで $\ell(a)$ という数について少し調べてみましょう．

まず $\ell(a)$ の定義 (4.7) において $a=1$ を代入してみると，直ちに

$$\ell(1) = 0$$

がわかります．また，もし $a>1$ という数に対して $\ell(a)=0$ であったとすると，$(a^x)'=0$ ということになって，指数関数 a^x は変化しない関数，すなわち定数ということになります．しかしそんなことはありえないので，$\ell(a) \neq 0$ がわかります．もっと詳しく，$a>1$ のときは a^x が単調増加関数だから，$\ell(a) > 0$ でなければなりません．

68

さて，$\ell(a)$ については次のような公式が成り立ちます．

定理 4.3

(4.9) $$\ell(a^c) = c\,\ell(a)$$

証明 $a^c = b$ とおきます．定理 4.2 を使うと，

$$b^h = (a^c)^h = a^{ch}$$

となりますから，少し技巧的ですが

$$\frac{b^h - 1}{h} = \frac{a^{ch} - 1}{h} = \frac{a^{ch} - 1}{ch} \times c$$

という計算ができます．この両辺の $\lim_{h \to 0}$ を求めると，左辺は定義から $\ell(b)$ になります．一方右辺については，$ch = \tilde{h}$ とおいてみると，h がどんどん 0 に近づくということと，$\tilde{h}$ がどんどん 0 に近づくということは同じことだから，

$$\lim_{h \to 0} \frac{a^{ch} - 1}{ch} \times c = \lim_{\tilde{h} \to 0} \frac{a^{\tilde{h}} - 1}{\tilde{h}} \times c = \ell(a) \times c$$

となります．したがって (4.9) が示されました．□

この定理より，$\ell(a)$ は，a を変数とする関数と見ると単調増加であることがわかります．すなわち

(4.10) $$a < b \quad \Rightarrow \quad \ell(a) < \ell(b)$$

が成り立ちます．これは次のように示すことができます．$1 < a < b$ として，指数関数 a^x を考えると，当然ながら $a^1 = a$ で，この関数は単調増加だから，$a^x = b$ となるような x の値は 1 より大きくなります．つまり

$$a^c = b$$

とするとき，$c > 1$ です．したがって定理 4.3 を使い，$\ell(a) > 0$ であることに注意すると

$$\ell(b) = c\ell(a) > \ell(a)$$

が得られます．また $0 < a < b < 1$ であれば，$1 < b^{-1} < a^{-1}$ ですから，今証明したことから

$$\ell(b^{-1}) < \ell(a^{-1})$$

となりますが，一方定理 4.3 によると $\ell(b^{-1}) = -\ell(b), \ell(a^{-1}) = -\ell(a)$ なので，

$$-\ell(b) < -\ell(a)$$

が得られ，したがってやはり (4.10) が成り立ちます．最後に $a \leqq 1 \leqq b$ の場合が残っていますが，このときは $\ell(a) \leqq 0 \leqq \ell(b)$ となることがわかるので，やはり (4.10) が成り立ちます．以上であらゆる場合に (4.10) が示されました．

こうして調べてきた $\ell(a)$ の性質を使うと，次の大事な事実がわかります．

4 指数関数

定理 4.4 任意の実数 d に対し,

$$\ell(b) = d$$

となるような正の数 b がただ 1 つ定まる.

証明 $a > 1$ である数 a を 1 つ固定します. このとき $\ell(a) > 0$ でした. すると c を実数全体で動かすとき, $c\ell(a)$ も実数全体を動きます. だから勝手に与えられた実数 d に対して, $d = c\ell(a)$ となる c が取れます. ここで $b = a^c$ とおけば, 定理 4.3 によって $\ell(b) = d$ となります. そして $\ell(b)$ は b の関数と見て単調増加だったから, こうなるような b はただ 1 つしかありません. □

$\ell(a)$ は, a を動かすことでどんな実数値も取り得ることがわかりました. するとその値がちょうど 1 になるような場合もあります. しかもそのような a はただ 1 つしかありません. その a の値を特別扱いして, e という記号で表します.

定義 4.1 $\ell(a) = 1$ となる数 a を e で表す.

この数 e は, 具体的には次のような無限小数で与えられる数になります.

$$e = 2.7182818\cdots$$

e はネピアの数と呼ばれることもあるようですが, このニックネームはあまり普及していなくて, 普通は単に「イー」と

呼ばれます.

さて，微分の式 (4.8) によれば，e を底とする指数関数 e^x を考えたときには，$\ell(e)=1$ により

$$(e^x)' = e^x \tag{4.11}$$

が成り立つことになります．つまり e^x は，微分しても姿が変わらない，非常に特別な関数であるということです．

■指数関数 e^x のテイラー展開

さあいよいよゴールです．定理 2.3 を用いて，e を底とする指数関数 e^x のテイラー展開を求めます．

$$e^x = a_0 + a_1 x + a_2 x^2 + a_3 x^3 + \cdots + a_n x^n + \cdots$$

とするとき，a_n は e^x を n 回微分してから $x=0$ を代入した値を $n!$ で割ったものです．ところが (4.11) によると，e^x は微分しても同じ関数なので，何回微分しても e^x のままです．すると n 回微分して $x=0$ を代入した値というのは，

$$e^0 = 1$$

ということになります．したがって

$$a_n = \frac{1}{n!}$$

がわかりました．こうして e^x のテイラー展開が求まりました．

定理 4.5 e^x のテイラー展開は，

$$e^x = 1 + \frac{x}{1!} + \frac{x^2}{2!} + \frac{x^3}{3!} + \cdots + \frac{x^n}{n!} + \cdots$$

で与えられる．

5　複素数

　足すと 5 になり掛けると 6 になる 2 つの数は何でしょうか．これは簡単で，

$$2+3=5, \quad 2\times 3=6$$

を思いつけば，2 つの数は 2 と 3 であることがわかります．それでは，足すと 5 になり掛けても 5 になる 2 つの数はわかりますか？

　今度は適当な数を思い浮かべて当てはめようとしても，なかなかうまくいかないでしょう．答えはあとでお見せしますが，実は我々はこのような数を求める方法を持っています．その方法を説明しましょう．

　求める 2 つの数を α と β とおきます．

(5.1) $$\alpha+\beta=5, \quad \alpha\beta=5$$

となる α, β を求めるというのが問題です．ここで，

$$f(x)=(x-\alpha)(x-\beta)$$

という関数を考えましょう．この関数は，x が α あるいは β に等しいときに限って 0 になります．よって α と β は，$f(x)=0$ という方程式の解ということになります．ただしこの時点

では，$f(x)$ は α, β を使って書かれているので，$f(x)$ 自体が未知のものです．ところが $f(x)$ を展開してみると，

$$f(x) = (x-\alpha)(x-\beta) = x^2 - (\alpha+\beta)x + \alpha\beta = x^2 - 5x + 5$$

となって，α, β を用いずに表されました．こうして α, β は，2次方程式

(5.2) $$x^2 - 5x + 5 = 0$$

の解として得られることがわかりました．2次方程式には解の公式というものがあります．解の公式についてはすぐあとで説明しますが，とりあえずそれを使うと

$$\alpha, \beta = \frac{5 \pm \sqrt{5}}{2}$$

が得られ，α, β を求めることができました．つまり

$$\alpha = \frac{5+\sqrt{5}}{2}, \quad \beta = \frac{5-\sqrt{5}}{2}$$

または

$$\alpha = \frac{5-\sqrt{5}}{2}, \quad \beta = \frac{5+\sqrt{5}}{2}$$

とおくとよいということで，確かめてみると，どちらの場合でも

$$\alpha+\beta = \frac{5+\sqrt{5}}{2} + \frac{5-\sqrt{5}}{2} = \frac{5+5}{2} = 5$$

$$\alpha\beta = \frac{5+\sqrt{5}}{2} \times \frac{5-\sqrt{5}}{2} = \frac{25-5}{4} = 5$$

となり，(5.1) が成り立ちます．これはちょっと意外な答えですね．はじめの場合は答えの2つの数はともに整数でしたから，それらを足しても掛けても整数になることは計算しなくてもわかりました．しかし今の答え α,β は2つともややこしい無理数となっていて，計算すれば足した結果も掛けた結果も整数になりましたが，何か不思議な感じがします．

なお，今の方法は少しスマート過ぎるかもしれませんが，もう少し素朴なやり方でもできます．(5.1) から β を消去してみるのです．足して5という式から $\beta = 5-\alpha$ なので，これを $\alpha\beta = 5$ に代入します．

$$\alpha(5-\alpha) = 5$$
$$-\alpha^2 + 5\alpha = 5$$
$$\alpha^2 - 5\alpha + 5 = 0$$

となるので，α は2次方程式 (5.2) の解となります．つまりいずれにしても，この問題は2次方程式 (5.2) を解くことに帰着するのです．

それでは2次方程式の解き方を考えましょう．a,b,c を定数として，一般の2次方程式

(5.3) $$ax^2 + bx + c = 0$$

を考えます．$a=0$ だと1次方程式になるので，$a \neq 0$ を仮定

します．この方程式の左辺に対して，**平方完成**という技法を施します．それは

$$x^2 + 2xy + y^2 = (x+y)^2$$

という因数分解に由来するもので，

$$
\begin{aligned}
ax^2 + bx + c &= a\left(x^2 + \frac{b}{a}x\right) + c \\
&= a\left(x^2 + 2 \cdot \frac{b}{2a}x\right) + c \\
&= a\left(x^2 + 2 \cdot \frac{b}{2a}x + \frac{b^2}{4a^2} - \frac{b^2}{4a^2}\right) + c \\
&= a\left(x^2 + 2 \cdot \frac{b}{2a}x + \frac{b^2}{4a^2}\right) - \frac{b^2}{4a} + c \\
&= a\left(x + \frac{b}{2a}\right)^2 - \frac{b^2 - 4ac}{4a}
\end{aligned}
$$

という計算をします．すると (5.3) は

$$\left(x + \frac{b}{2a}\right)^2 = \frac{b^2 - 4ac}{4a^2}$$

という方程式に書き換えられます．そこで

$$X = x + \frac{b}{2a}, \quad A = \frac{b^2 - 4ac}{4a^2}$$

とおくと，

$$X^2 = A$$

を解けばよいので

$$X = \pm\sqrt{A}$$

が得られます．これをもとの a, b, c と x について書けば，

$$x + \frac{b}{2a} = \pm\sqrt{\frac{b^2 - 4ac}{4a^2}}$$

$$x = -\frac{b}{2a} \pm \frac{\sqrt{b^2 - 4ac}}{2a}$$

となって，これから 2 次方程式の解の公式が得られます．

定理 5.1 （2 次方程式の解の公式） 2 次方程式

$$ax^2 + bx + c = 0$$

の解 x は，

$$x = \frac{-b \pm \sqrt{b^2 - 4ac}}{2a}$$

で与えられる．

解の公式が得られたので，もうどんな場合でも調べることができます．さらに別の問題を考えてみましょう．足すと 5 になり，掛けると 7 になる 2 つの数は何でしょうか．

2 番目の問題と同じように考えると，求める 2 つの数は，2 次方程式

$$x^2 - 5x + 7 = 0$$

の 2 つの解であることになります．定理 5.1（解の公式）を

使ってこれを解くと,

$$x = \frac{5 \pm \sqrt{5^2 - 4 \times 7}}{2} = \frac{5 \pm \sqrt{25 - 28}}{2} = \frac{5 \pm \sqrt{-3}}{2}$$

が得られます．さあ，このような簡単な問題から，何とも怪しい数 $\sqrt{-3}$ が現れました．

皆さんよくご存じのように，正の数と正の数を掛けると正の数になるし，負の数と負の数を掛けても正の数になります．また 0 と 0 を掛けると 0 です．したがって正の数であろうと負の数であろうと 0 であろうと，その 2 乗は常に 0 以上の数になります．$\sqrt{-3}$ というのは，記号の意味からすると 2 乗したら -3 になる数，ということだから，そのような数はもはや正の数でも負の数でも 0 でもない，別な世界の数でなければあり得ません．

このような 2 乗して負の数になる数というのは，実在の数ではなく単に想像上の数であると考えられたので，想像上の数（英語では imaginary number），あるいは虚数と呼ばれました．今我々が見たように，虚数はごく簡単な問題から立ち現れるので，昔から人々はその存在に気づいていました．しかし数としての実感を伴わない怪しさから，普通の人は，なるべくそれを考えないようにしようという態度で臨みました．また虚数についてよく理解していた人も，それを怪しい数と思っている人々との無用の軋轢を避けるため，なるべく表に出さないようにしていたようです．

しかし現在では，虚数は立派な実在の数として認められています．それどころか，表からは見えない隠れた次元を表す数として，現代の科学技術に欠かせない存在となっているの

です．そして本書のテーマであるオイラーの公式は，この虚数の存在無くしては表すことができません．そこで，虚数について，基本的な事柄を学ぶことにしましょう．

あらためて虚数を定義します．2乗して負の数となるような「数」のことを**虚数**と呼びます．つまり

$$x^2 < 0$$

となるような数 x が虚数です．負の数は無数にたくさんあるので，虚数も無数にあることになりますが，実はたった1つの虚数だけ用意すれば，あらゆる虚数を表すことができます．用意する虚数は何でもよいのですが，計算・表記上の簡便さを考えて，

$$x^2 = -1$$

となる x としましょう．この x を，i という記号で表します．つまり i は

(5.4) $$i^2 = -1$$

をみたす数です．i の正式名称は「虚数単位」ですが，普通はそのまま「アイ」と呼ばれます．

さて i があると，ほかの虚数，たとえば2乗して -3 になる数は，

$$\pm\sqrt{3}\,i$$

というように i と実数を用いて表されます．実際にこれを2

乗してみると，確かに

$$(\pm\sqrt{3}\,i)^2 = (\pm\sqrt{3})^2 \times i^2 = 3 \times (-1) = -3$$

となります．一般的には，A を正の数とすると，

$$x^2 = -A$$

となる虚数 x は

$$\pm\sqrt{A}\,i$$

で与えられます．$\pm\sqrt{A}$ を b とおけば，b は 0 以外の任意の実数を表すので，すべての虚数は実数 b と i を用いて bi と書けることがわかります．

さて先ほど，3番目の問題の答えとして現れた数は，やはり i を使って表せます．

$$\frac{5 \pm \sqrt{-3}}{2} = \frac{5 \pm \sqrt{3}\,i}{2}$$

この数自体は虚数ではなく，

$$\frac{5 \pm \sqrt{3}\,i}{2} = \frac{5}{2} \pm \frac{\sqrt{3}}{2}i$$

というように実数 $\frac{5}{2}$ と虚数 $\pm\frac{\sqrt{3}}{2}i$ を足し合わせた数になっています．このように

$$(実数) + (虚数)$$

という形をした数のことを，**複素数**といいます．虚数は実数

b を用いて bi と表されるので，複素数とは

$$a+bi \quad (a,b \text{ は実数})$$

という形をした数ということになります．このことを定義として挙げておきましょう．bi のところを ib と書いても意味は変わらないので，後者の書き方を使うことにします．

定義 5.1 2つの実数 a,b を用いて

$$a+ib$$

と表される数を**複素数**という．a をこの複素数の**実部**と呼び，b をこの複素数の**虚部**と呼ぶ．

複素数の全体を $\mathbb{C}$ という記号で表します．複素数は英語で complex number というので，その頭の c を記号化したものです．

こうして発見的に複素数を導入しましたが，複素数は実は特別な存在です．まず

- 複素数の間には足し算・引き算・掛け算・割り算が定義される

という大事な性質があります．このことについては，すぐあとで紹介します．また，我々は2次方程式の解を表すために複素数を導入しました．これだけを見ると，3次方程式の解を表すにはまたほかの「数」が必要になり，4次方程式の解

82

を表すにはもっと別の「数」も必要になり，… という可能性も考えられますが，実はそんな必要はなくて，

- 複素数を係数とするどんな次数の方程式の解も，複素数によって表される

という驚愕の事実が成り立ちます．つまり複素数という数の世界をこれ以上広げることなく，いろいろな操作が行えるのです．

では以上のことを，ゆっくり見ていきましょう．

■複素数の四則演算

複素数は $a+ib$ と表されますが，1つの数なので1つの文字で表されることもしばしばあります．たとえば z という文字が複素数を表すとすると，2つの実数 a,b があって

$$z = a+ib$$

ということになります．以下ではこのような書き方をよく使います．

さっそく2つの複素数の和と差を定義しましょう．2つの複素数

(5.5) $$z_1 = a_1 + ib_1, \quad z_2 = a_2 + ib_2$$

を用意します．ここで a_1, b_1, a_2, b_2 は実数で，それぞれ z_1 の実部，z_1 の虚部，z_2 の実部，z_2 の虚部になっています．z_1 と z_2 の和と差は，次の式で定義します．

(5.6)
$$z_1 + z_2 = (a_1 + a_2) + i(b_1 + b_2)$$
$$z_1 - z_2 = (a_1 - a_2) + i(b_1 - b_2)$$

すなわち,それぞれの実部同士,虚部同士で和(あるいは差)をとり,その結果を実部と虚部とする複素数が和(あるいは差)であるということです.別な言い方をすると,i を,その意味をとりあえず忘れて単なる文字と見て,文字式の足し算・引き算をすればよいのです.その結果を複素数と見るために,i のかかる項とかからない項にまとめ直せば (5.6) の右辺になります.和について以上のことを実演してみると,

$$\begin{aligned} z_1 + z_2 &= (a_1 + ib_1) + (a_2 + ib_2) \\ &= a_1 + a_2 + ib_1 + ib_2 \\ &= (a_1 + a_2) + i(b_1 + b_2) \end{aligned}$$

ということです.

同様の考え方をすると,2 つの複素数の積もうまく定義できます.発見的に行きましょう.(5.5) の通り 2 つの複素数を用意し,それぞれを文字 i を含んだ文字式と見て積を計算してみます.

$$\begin{aligned} z_1 z_2 &= (a_1 + ib_1)(a_2 + ib_2) \\ &= a_1 a_2 + a_1 ib_2 + ib_1 a_2 + i^2 b_1 b_2 \\ &= (a_1 a_2) + i(a_1 b_2 + a_2 b_1) + i^2 (b_1 b_2) \end{aligned}$$

となりますね.ここまでは i を単なる文字と見ていましたが,i は (5.4) をみたす数であったことを思い出します.するとこの結果の中の i^2 は -1 で置き換えられるので,

5 複素数

$$z_1 z_2 = (a_1 a_2) + i(a_1 b_2 + a_2 b_1) - (b_1 b_2)$$
$$= (a_1 a_2 - b_1 b_2) + i(a_1 b_2 + a_2 b_1)$$

というふうにまとめることができ，これを見ると (実数)$+$ i(実数) という複素数の形になっています．これで積が定義できることがわかりました．あらためて述べれば，

(5.7) $\qquad z_1 z_2 = (a_1 a_2 - b_1 b_2) + i(a_1 b_2 + a_2 b_1)$

が積の定義です．

最後に残った割り算は，ちょっとやっかいです．その定義をする前に，共役複素数という，それ自身大事なものを定義します．

定義 5.2 複素数 $z = a + ib$ に対し，

$$a - ib$$

を z の**共役複素数**と呼び，$\bar{z}$ で表す．

共役複素数という名前はここで初めて現れましたが，共役複素数そのものはすでに登場しています．前半で考えた 3 つ目の問題の答えが

$$\frac{5}{2} \pm \frac{\sqrt{3}}{2} i$$

という 2 つの複素数でした．$\pm$ のうちたとえば $+$ の方を α としましょう．

85

$$\alpha = \frac{5}{2} + \frac{\sqrt{3}}{2}i$$

するともう1つの方は

$$\frac{5}{2} - \frac{\sqrt{3}}{2}i$$

だから，α の共役複素数 $\bar{\alpha}$ に他なりません．この2つの複素数は $x^2 - 5x + 7 = 0$ の根でしたから，足すと5になり掛けると7でした．つまり

$$\alpha + \bar{\alpha} = 5, \quad \alpha\bar{\alpha} = 7$$

が成り立ちます．このように，和と積が実数になるのは共役複素数の特徴です．

定理 5.2 複素数 $z = a + ib$ について，次が成り立つ．

(5.8) $$z + \bar{z} = 2a$$
(5.9) $$z\bar{z} = a^2 + b^2$$

証明は，共役複素数の定義（定義 5.2）と和・積の定義 (5.6), (5.7) を使えばすぐできます．共役複素数については，次の性質も成り立ちます．

定理 5.3 2つの複素数 z_1, z_2 について，次が成り立つ．

$$\overline{z_1 + z_2} = \bar{z}_1 + \bar{z}_2, \quad \overline{z_1 z_2} = \bar{z}_1 \bar{z}_2$$

5 複素数

証明 はじめの公式は簡単に示せるので、2番目の公式を示しましょう. $z_1 = a_1 + ib_1, z_2 = a_2 + ib_2$ とおくと，左辺は

$$\overline{z_1 z_2} = \overline{(a_1 + ib_1)(a_2 + ib_2)}$$
$$= \overline{(a_1 a_2 - b_1 b_2) + i(a_1 b_2 + a_2 b_1)}$$
$$= (a_1 a_2 - b_1 b_2) - i(a_1 b_2 + a_2 b_1)$$

となります. 右辺も計算すると，

$$\bar{z}_1 \bar{z}_2 = (a_1 - ib_1)(a_2 - ib_2)$$
$$= (a_1 a_2 - b_1 b_2) - i(a_1 b_2 + a_2 b_1)$$

となり，左辺と一致することがわかりました. □

ここでもう1つ定義をしておきます.

定義 5.3 複素数 $z = a + ib$ が 0 であるとは，$a = b = 0$ となることと定める.

この定義は何か当たり前のことを仰々しく述べているように思われるかもしれませんが，数学的には重要です. ただしあまり気にせずに，聞き流して頂いて結構です.

さて 0 でない複素数 $z = a + ib$ においては，(a, b) は $(0, 0)$ ではない実数の組なので，(5.9) によって $z\bar{z} = a^2 + b^2 \neq 0$ となっています. このことに注意して次の計算をします.

(5.10) $\quad \dfrac{1}{z} = \dfrac{\bar{z}}{z\bar{z}} = \dfrac{\bar{z}}{a^2 + b^2} = \dfrac{a - ib}{a^2 + b^2} = \dfrac{a}{a^2 + b^2} - i\dfrac{b}{a^2 + b^2}$

すなわち，0 でない複素数については，その逆数も複素数となることがわかりました．このことから，商 z_2/z_1 についても，

$$\frac{z_2}{z_1} = \frac{1}{z_1} \times z_2$$

と考えれば，2 つの複素数の積としてやはり複素数となることがわかります．公式として覚える必要はありませんが，一応商についても公式を求めておきましょう．$z_1 = a_1 + ib_1, z_2 = a_2 + ib_2$ とするとき，

$$\begin{aligned}\frac{z_2}{z_1} &= \left(\frac{a_1}{a_1{}^2 + b_1{}^2} - i\frac{b_1}{a_1{}^2 + b_1{}^2}\right)(a_2 + ib_2) \\ &= \frac{a_1 a_2 + b_1 b_2}{a_1{}^2 + b_1{}^2} + i\frac{a_1 b_2 - a_2 b_1}{a_1{}^2 + b_1{}^2}\end{aligned}$$

となります．

　以上をまとめましょう．2 つの複素数は足しても引いても掛けても割っても，複素数の範囲にとどまります．このことを，「複素数は四則演算に関して閉じている」と言い表します．四則演算の結果を求めたいときには，公式として覚える必要はなくて，和・差・積については複素数を i を文字とする文字式と見て計算し，i^2 が出てくるたびにそれを -1 で置き換えればよろしい．商を求めるときには，(5.10) の通り分母の共役複素数を用いて逆数を計算しておいて，それと分子との積を求めればよいのです．少し慣れてくると，

$$\frac{z_2}{z_1} = \frac{z_2 \bar{z}_1}{z_1 \bar{z}_1}$$

というように直接計算することもできます．

■複素平面

ここでもう1つ，複素数の重要な側面をお話しします．実数の全体は数直線という図形で表され，視覚的にとらえることができます．複素数についても，同様に視覚化することができるのです．

複素数は2つの実数を用いて表されました．すなわち複素数 z の実部を x，虚部を y とすると

$$z = x + iy$$

です．これにより，1つの複素数 z を与えるということと，2つの実数の組 (x, y) を与えるということが同じであることがわかります．一方2つの実数の組 (x, y) を与えるということは，xy-平面上の点を与えるということと同じなので，以上をつなげると，1つの複素数 z は平面上の1点 (x, y) と考えられることになります．

複素数 $z = x + iy$
$\updownarrow$
実数の組 (x, y)
$\updownarrow$
xy-平面上の点 (x, y)

少し例を見てみましょう．$z = 1 + i$ という複素数は，実部が1，虚部も1だから，これには点 $(1, 1)$ が対応します．複素数 $z = -2 + 3i$ だと，実部が -2，虚部が3だから，この複素数には点 $(-2, 3)$ が対応します．あるいは実数2は，実部が2，虚部が0の複素数と思うことができるので，2には点

$(2,0)$ が対応します.虚数 i は実部が 0,虚部が 1 ですから,i には点 $(0,1)$ が対応します.xy-平面にこれらの点をとり,そこにこれらの複素数を直接書き込みます.

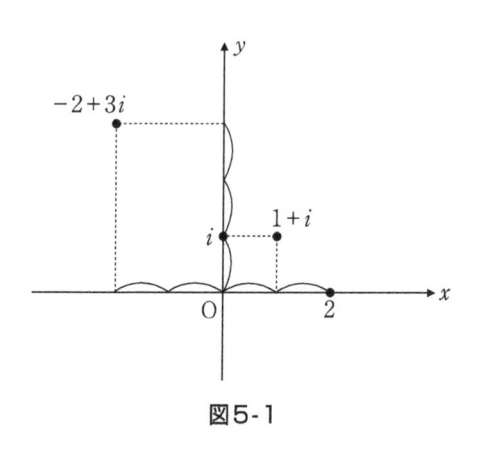

図5-1

こうしてみると,xy-平面はいたるところ複素数で埋め尽くされていることになります.このように xy-平面を,いたるところ複素数が埋め尽くしている平面と考えたものを**複素平面**と呼びます.複素平面においては,その x 軸には実数が並んでいるので,x **軸**のことを**実軸**といいます.y 軸には虚数が並んでいるので,y **軸**のことは**虚軸**といいます.

問 5.1 次の複素数は,複素平面上のどこに位置するか,図示せよ.
(1) $1-2i$ (2) $-3i$ (3) $-1-i$ (4) -1

複素数を平面上の点として図示することで,複素数の和を

図形的に求めることができます．2つの複素数 $z_1 = x_1 + iy_1$, $z_2 = x_2 + iy_2$ は複素平面上の点 $(x_1, y_1), (x_2, y_2)$ に対応しますが，その和 $z_1 + z_2$ を求めるには実部同士の和，虚部同士の和を求めてそれらを実部・虚部とする複素数を作るのでしたから，和 $z_1 + z_2$ には点 $(x_1 + x_2, y_1 + y_2)$ が対応します．このことを形式的に

$$(x_1, y_1) + (x_2, y_2) = (x_1 + x_2, y_1 + y_2)$$

と書いてみると，この演算は数ベクトルの足し算になっていることがわかります．つまり複素数 $z = x + iy$ は平面上の点 (x, y) と思えるだけでなく，数ベクトル (x, y) と思うこともでき，したがって原点を始点，点 (x, y) を終点とするベクトルと思うことができるのです．そして複素数の和を考えるときには，ベクトルと思って図形的に和をとればよいことになります．たとえば

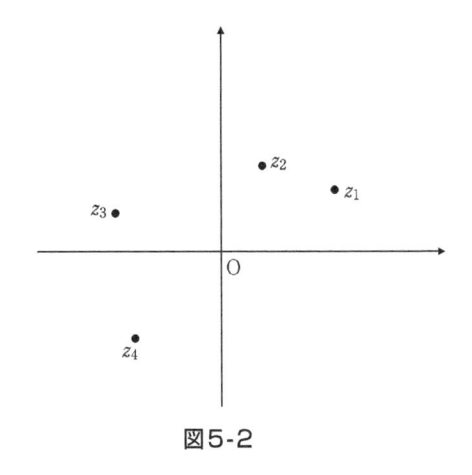

図5-2

のようにいくつかの複素数が与えられたとき，その和を求めたければ

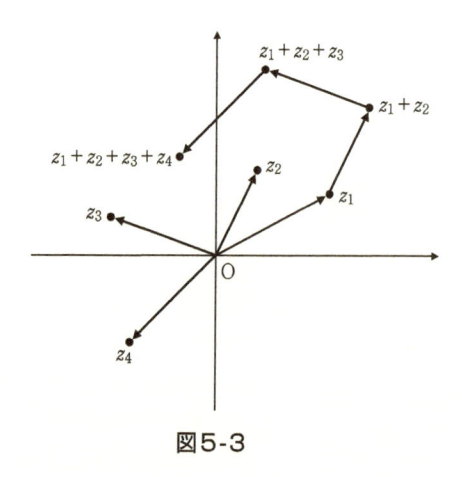

図5-3

といった具合に矢印をつないでいけばよいのです．

さてこれからが本題です．複素平面は，複素数に平面上の点としての図形的な意味を持たせることで，複素数に新しい性格を与えます．

原点以外の平面上の点を，原点と線分で結びます．このときの線分の長さを r，x 軸の正の向きからその線分に向かって測った角を θ とすると，点によって (r,θ) が決まるし，逆に (r,θ) によって点が決まります．

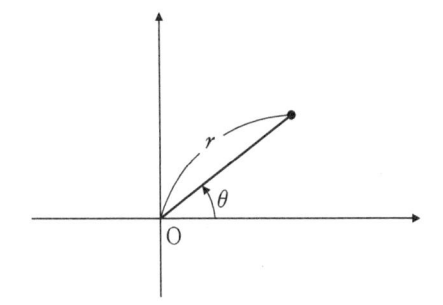

図5-4

このように (r,θ) は点を表す座標としての役割を果たすので、極座標と呼ばれます．さて点 (x,y) を複素数 $z=x+iy$ だと思うと、z によって r と θ が決まることになります．このとき r を z の絶対値、θ を z の偏角と呼んで、それぞれ

$$r=|z|, \quad \theta=\arg z$$

という記号で表します．この絶対値と偏角が、複素数に付与された新しい性格なのです．

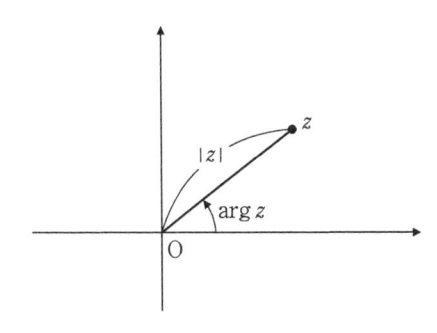

図5-5

z の絶対値・偏角についての考察を進めるため，一時複素平面を離れて xy-平面の極座標について考えてみます．点 (x, y) の極座標を (r, θ) とします．xy-平面に単位円（原点を中心とする半径 1 の円）を描き，原点から (x, y) に向かう半直線と単位円との交点を P としましょう．

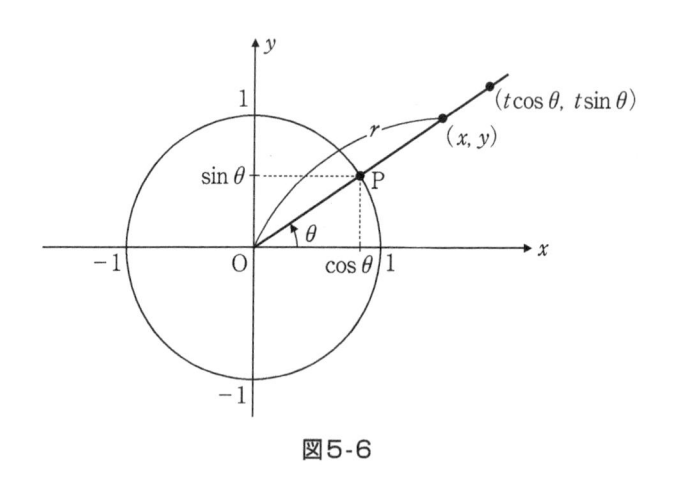

図5-6

この半直線は x 軸の正の向きから角度 θ の方向に向いていますから，P の座標は $(\cos\theta, \sin\theta)$ です．したがってこの半直線上の点はすべて，正の数 t を用いて $(t\cos\theta, t\sin\theta)$ と表されます．特に (x, y) はこの半直線上にあるので，ある $t > 0$ により

$$x = t\cos\theta, \quad y = t\sin\theta$$

と表されます．一方点 (x, y) と原点との距離が r であること

から,

$$r = \sqrt{(t\cos\theta)^2 + (t\sin\theta)^2} = \sqrt{t^2(\cos^2\theta + \sin^2\theta)} = \sqrt{t^2} = t$$

が成り立ちます．したがって

(5.11)
$$\begin{cases} x = r\cos\theta \\ y = r\sin\theta \end{cases}$$

という関係式が得られました．これは普通の座標 (x, y) と極座標 (r, θ) との連絡をつける基本的な関係式です．

ここで (x, y) を複素平面上の点と見ましょう．つまり $z = x + iy$ という複素数と思います．すると $r = |z|, \theta = \arg z$ です．ただ煩雑になるのを避けるため，記号 r, θ を使い続けることにします．まず $z = x + iy$ の右辺の x, y を (5.11) を用いて書き直すと，

(5.12) $$z = r(\cos\theta + i\sin\theta)$$

という表示が得られます．これは，絶対値 r と偏角 θ を与えると，複素数 z は図形的に位置が決まるだけでなく，数式表現としても具体的に定まることを表しています．

次に 2 つの複素数の積について考えてみます．$|z_1| = r_1$, $\arg z_1 = \theta_1$, $|z_2| = r_2$, $\arg z_2 = \theta_2$ とおくと，(5.12) より

$$z_1 = r_1(\cos\theta_1 + i\sin\theta_1)$$
$$z_2 = r_2(\cos\theta_2 + i\sin\theta_2)$$

この 2 つの複素数の積を計算してみます．

$$z_1 z_2 = r_1 r_2 (\cos\theta_1 + i\sin\theta_1)(\cos\theta_2 + i\sin\theta_2)$$
$$= r_1 r_2 \{(\cos\theta_1 \cos\theta_2 - \sin\theta_1 \sin\theta_2)$$
$$+ i(\cos\theta_1 \sin\theta_2 + \sin\theta_1 \cos\theta_2)\}$$
$$= r_1 r_2 (\cos(\theta_1 + \theta_2) + i\sin(\theta_1 + \theta_2))$$

最後の = では，三角関数の加法定理 (3.3) を使いました．この結果を (5.12) と照らし合わせてみると，$z_1 z_2$ の絶対値が $r_1 r_2$ となり，$z_1 z_2$ の偏角が $\theta_1 + \theta_2$ となることがわかります．こうして我々は，次の重要な公式を手に入れました．

(5.13) $|z_1 z_2| = |z_1||z_2|, \quad \arg(z_1 z_2) = \arg z_1 + \arg z_2$

この性質を使うと，複素数の積も図形的に求めることができます．2つの複素数 z_1, z_2 が与えられたとします．

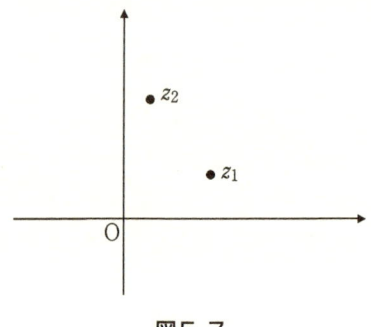

図5-7

これらの点と原点とを結ぶことで，$r_1 = |z_1|, \theta_1 = \arg z_1, r_2 = |z_2|, \theta_2 = \arg z_2$ がわかります．

図5-8

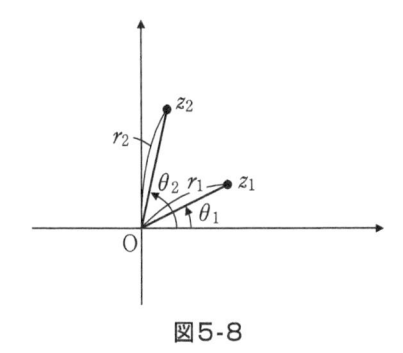

するとまず $\arg(z_1 z_2) = \theta_1 + \theta_2$ により，$z_1 z_2$ は角度 $\theta_1 + \theta_2$ の半直線上にあることがわかります．

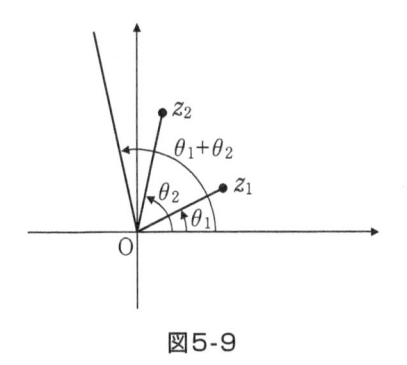

図5-9

$|z_1 z_2| = r_1 r_2$ により，この半直線上で原点からの距離が $r_1 r_2$ となる点を求めれば，それが $z_1 z_2$ であることがわかります．

図5-10

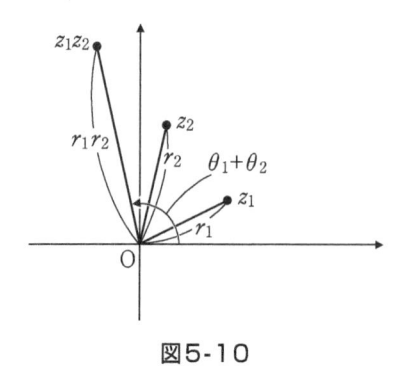

■代数方程式

ここからの話は，本書のテーマと直接関わりはありませんが，複素数が特別な存在であるということを知ってもらうために紹介します．

$$a_0 x^n + a_1 x^{n-1} + \cdots + a_{n-1} x + a_n = 0$$

という形の方程式のことを**代数方程式**といい，$a_0, a_1, \cdots, a_{n-1}, a_n$ のことをその係数といいます．定理 5.1 で考えた 2 次方程式は代数方程式の 1 つです．

2次方程式の解の公式を見てみましょう．2次方程式

$$ax^2 + bx + c = 0$$

において a, b, c が係数で，その解は

$$x = \frac{-b \pm \sqrt{b^2 - 4ac}}{2a}$$

というように係数を用いて表されます．いま a, b, c が実数とすると，$b^2 - 4ac$ も実数で，これが0以上なら $\sqrt{b^2 - 4ac}$ は実数，負の数なら $\sqrt{b^2 - 4ac}$ は虚数となり，いずれにしても解 x は複素数の範囲に収まっています．では a, b, c が複素数のときは，解はどんな数になるでしょうか．問題となるのは $\sqrt{b^2 - 4ac}$ のところです．

a, b, c が複素数のとき，$b^2 - 4ac$ も複素数です．そこで一般に複素数 z に対して，$\sqrt{z}$ がどのような数になるかを考えます．ここで活躍するのが，複素数の絶対値と偏角です．$\sqrt{z}$ とは，2乗すると z になる数です．$|z| = r, \arg z = \theta$ とおきましょう．公式 (5.13) を頭に置いて，絶対値が $\sqrt{r}$，偏角が $\theta/2$ となる複素数を考えてみます．そのような複素数を w とおいておきます．複素平面上に表すなら，次の図のようになりますね．

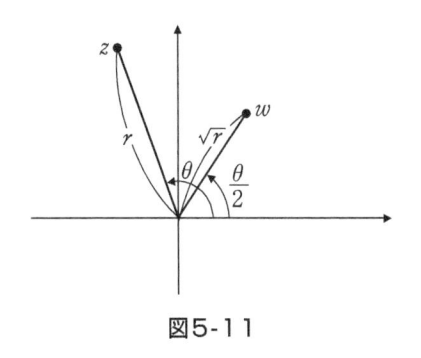

図5-11

さて w^2 を求めてみると，(5.13) によってその絶対値は $(\sqrt{r})^2 = r$，偏角は $\theta/2 + \theta/2 = \theta$ となるので，$w^2 = z$ となり

ます．すなわち w が $\sqrt{z}$ の条件をみたすことがわかりました．もう1つ $-w$ も，$(-w)^2 = w^2 = z$ となるので $\sqrt{z}$ の条件をみたします．こうして $\sqrt{z} = \pm w$ が得られました．これも図で表しておきましょう．

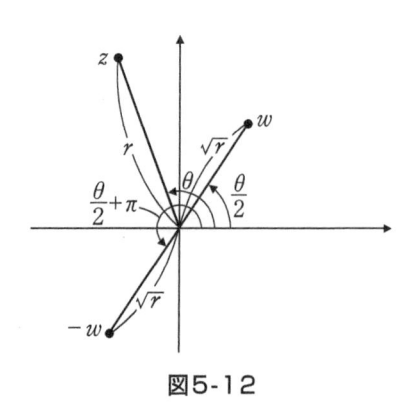

図5-12

結論として，複素数 z に対して $\sqrt{z}$ も複素数になることがわかりました．したがって複素数 a, b, c に対して，$\sqrt{b^2 - 4ac}$ も複素数の範囲に収まるので，2次方程式の解は複素数の範囲にあります．

一般の代数方程式についても同様であることが，ガウスによって示されました．これは代数学の基本定理と呼ばれる次の定理です．

定理 5.4 複素数を係数とする代数方程式の解は，すべて複素数の範囲に存在する．

この定理の証明は本書では行いません．興味のある方は，たとえば高木貞治著『代数学講義』（共立出版）などを参照下さい．この定理は，複素数が特別な存在である，ということを表している定理と思うことができるでしょう．

6 オイラーの公式

いよいよオイラーの公式を紹介できることになりました．

オイラーの公式は，指数関数と三角関数（サインとコサイン）が実質的に同じものだという式です．ところがそれぞれのグラフを見ると，とてもそうは思えません．

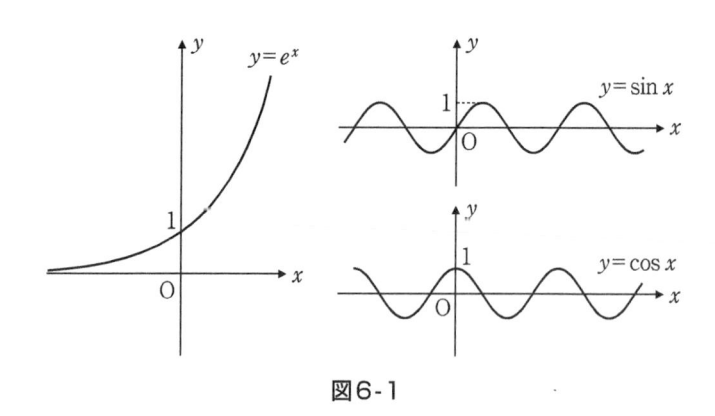

図6-1

一方の指数関数は単調に増え続け無限大に発散していきますし，もう一方の三角関数は増えたり減ったりしながら -1 と 1 の間を永遠に行き来しています．こんなに違うものを結びつけたのは，オイラーの自由な発想でした．

指数関数と三角関数のテイラー展開を見比べてみましょう．

(6.1) $$e^x = 1 + \frac{x}{1!} + \frac{x^2}{2!} + \frac{x^3}{3!} + \frac{x^4}{4!} + \frac{x^5}{5!} + \cdots$$

(6.2) $$\sin x = x - \frac{x^3}{3!} + \frac{x^5}{5!} - \frac{x^7}{7!} + \cdots$$

(6.3) $$\cos x = 1 - \frac{x^2}{2!} + \frac{x^4}{4!} - \frac{x^6}{6!} + \cdots$$

これらはよく似ている,というのがスタートラインです.$\sin x$ では奇数次の項,$\cos x$ では偶数次の項だけが現れ,一方 e^x は奇数次の項と偶数次の項が両方とも現れます.ためしに $\sin x$ と $\cos x$ を足してみましょう.

$$\sin x + \cos x = 1 + x - \frac{x^2}{2!} - \frac{x^3}{3!} + \frac{x^4}{4!} + \frac{x^5}{5!} - \frac{x^6}{6!} - \frac{x^7}{7!} + \cdots$$

現れる項は e^x と同じですが,± の符号が違います.$\sin x + \cos x$ では ++−−++−−··· というように,+ と − が2つずつ並んで繰り返していきます.e^x ではこれが + だけですから,この違いを何とかしないといけません.

オイラーの見出した解決策は,大胆にも虚数を使うものでした.e^x の x のところを ix に置き換えてみます.i^2 が出るたびに -1 で置き換えます.すると,

(6.4)
$$e^{ix} = 1 + \frac{ix}{1!} + \frac{(ix)^2}{2!} + \frac{(ix)^3}{3!} + \frac{(ix)^4}{4!} + \frac{(ix)^5}{5!} + \frac{(ix)^6}{6!}$$
$$+ \frac{(ix)^7}{7!} + \frac{(ix)^8}{8!} + \cdots$$
$$= 1 + \frac{ix}{1!} - \frac{x^2}{2!} - \frac{ix^3}{3!} + \frac{x^4}{4!} + \frac{ix^5}{5!} - \frac{x^6}{6!} - \frac{ix^7}{7!} + \frac{x^8}{8!} + \cdots$$

$$= \left(1 - \frac{x^2}{2!} + \frac{x^4}{4!} - \frac{x^6}{6!} + \frac{x^8}{8!} - \cdots\right)$$
$$+ i\left(\frac{x}{1!} - \frac{x^3}{3!} + \frac{x^5}{5!} - \frac{x^7}{7!} + \frac{x^9}{9!} - \cdots\right)$$
$$= \cos x + i \sin x$$

となり,結果は $\cos x$ と $\sin x$ で表されました.これが**オイラーの公式**です.

オイラーの公式
$$e^{ix} = \cos x + i \sin x$$

このように,複素数の世界にまで話を広げると,指数関数と三角関数が仲良く結びつくのです.

■オイラーの公式を意味づけする

オイラーの公式の証明は,何かマジックにかけられたような気がしますが,これが単なるつじつま合わせなのか,意味のあることをしているのか,考えてみましょう.

第5章で,複素数は四則演算に関して閉じていることを見ました.オイラーの公式で怪しいのは左辺の e^{ix} で,e の虚数乗というのがいったい何者なのか,正体がわかりません.これにきっちりとした意味をつけましょう.

e という数を虚数個掛け合わせる,と考えると意味がつけられませんが,一方でテイラー展開

$$e^x = 1 + \frac{x}{1!} + \frac{x^2}{2!} + \frac{x^3}{3!} + \frac{x^4}{4!} + \cdots$$

の両辺の x のところに ix を代入したものと考えると，次のようにして意味がつけられます．無限級数の難しさと複素数の難しさが混じっているとややこしいので，x のところに ix を代入したテイラー展開を有限項で打ち切ったものを考えてみます．

$$1 + \frac{ix}{1!} + \frac{(ix)^2}{2!} + \cdots + \frac{(ix)^n}{n!} = E_n(x)$$

これは有限個の複素数を掛けたり足したりしたものですから，複素数となります．だから

$$E_n(x) = F_n(x) + iG_n(x)$$

というように，実部 $F_n(x)$ と虚部 $G_n(x)$ を用いて表すことができます．$F_n(x)$ は $E_n(x)$ の項のうち実数のものを集めて足し合わせたもの，$G_n(x)$ は $E_n(x)$ の項のうち虚数のものを集めて足し合わせたものです．具体的には

$$F_n(x) = 1 - \frac{x^2}{2!} + \frac{x^4}{4!} - \cdots \pm \frac{x^k}{k!}$$
$$G_n(x) = \frac{x}{1!} - \frac{x^3}{3!} + \frac{x^5}{5!} - \cdots \pm \frac{x^l}{l!}$$

というふうに書け，ここで k は n が偶数なら n，奇数なら $n-1$ で，l は n が偶数なら $n-1$，奇数なら n です．すると (6.4) で計算した通り，n をどんどん大きくしていくと，$F_n(x), G_n(x)$ はそれぞれ $\cos x, \sin x$ に収束します．したがって $E_n(x)$ は

$n \to \infty$ とすると，複素数として

$$\cos x + i \sin x$$

に収束し，きちんとした複素数として意味を持つのです．

つまり e^{ix} にはテイラー展開を通して意味をつけることができ，結果として，オイラーの公式の右辺の通りの複素数となる，ということがわかりました．

■指数関数の働き

オイラーの公式は，e^{ix} の実部と虚部が三角関数で与えられることを表す式だということがわかりましたが，これを単に e^{ix} の複素数としての値を決める式と見ただけでは何も得られません．左辺が指数関数であって，指数関数としていろいろな性質を持っている，ということと組み合わせて初めて，その威力を発揮します．

指数関数の最も重要な性質は，加法定理

$$(6.5) \qquad e^{x+y} = e^x e^y$$

です．加法定理は底の数が e に限らず一般に正の数 a で，x, y が実数の場合に定理 4.1 で示しています．したがって (6.5) も x, y が実数のときは証明済みですが，x, y が虚数あるいは一般に複素数の場合にも成り立つことを，これから証明します．

e^{ix} にはテイラー展開を使って意味づけをしたので，加法定理 (6.5) もテイラー展開を使って証明する必要があります．(6.5) の右辺は

$$e^x e^y = \left(1+\frac{x}{1!}+\frac{x^2}{2!}+\frac{x^3}{3!}+\cdots\right)\left(1+\frac{y}{1!}+\frac{y^2}{2!}+\frac{y^3}{3!}+\cdots\right)$$

となります．このカッコをはずして展開することを考えます．

2つのカッコの中には無限個の項が入っていますが，普通の展開と同様に，それぞれのカッコから1つずつ項を選んで，それらの積を作り，そうしてできた積をすべて足し合わせれば展開ができます．左のカッコから $\frac{x^k}{k!}$，右のカッコから $\frac{y^l}{l!}$ を選ぶと，積

$$\frac{x^k y^l}{k!l!}$$

が得られます．これらをあらゆる k と l に対して作って足し合わせればよいのですが，この中で $k+l$ の値が1つの自然数 n に等しいものだけを集めてくると，

$$\frac{x^n}{n!}+\frac{x^{n-1}y}{(n-1)!1!}+\frac{x^{n-2}y^2}{(n-2)!2!}+\cdots+\frac{x^{n-l}y^l}{(n-l)!l!}+\cdots$$
$$+\frac{xy^{n-1}}{1!(n-1)!}+\frac{y^n}{n!}$$

となります．この複雑に見える和ですが，二項定理と呼ばれる定理を使うと，これが

$$\frac{(x+y)^n}{n!}$$

に等しくなることがわかります．二項定理についてはこの章の最後にノートとして説明します．さてそうすると，求めたかった展開は今得られた項を $n=0,1,2,\cdots$ についてすべて

足し合わせればよいので,

$$e^x e^y = 1 + \frac{x+y}{1!} + \frac{(x+y)^2}{2!} + \frac{(x+y)^3}{3!} + \cdots + \frac{(x+y)^n}{n!} + \cdots$$
$$= e^{x+y}$$

となり,こうして (6.5) が示されました. 以上の計算は, x や y が実数でなくても,和や積が定義できるような数であれば成り立つので,これで (6.5) が x, y を複素数にしたときも成り立つことが示されたことになります.

加法定理 (6.5) を使うと,複素数 $z = x + iy$ に対する指数関数の値 e^z がどのような複素数になるかがわかります.

(6.6) $\qquad e^z = e^{x+iy} = e^x e^{iy} = e^x(\cos y + i \sin y)$

です. つまり e^z は,実部が $e^x \cos y$,虚部が $e^x \sin y$ の複素数となるのです.

三角関数の加法定理というのがありました. 第3章の (3.3) でも与えましたが,実数 α, β に対して

(6.7) $\qquad \sin(\alpha+\beta) = \sin\alpha\cos\beta + \cos\alpha\sin\beta$
(6.8) $\qquad \cos(\alpha+\beta) = \cos\alpha\cos\beta - \sin\alpha\sin\beta$

が成り立つという式です. これらは三角関数に関する公式のうちでもことさら重要なもので,暗記することが望ましい式ですが,右辺が少し長いのが難点です. これを少ない労力で復元する方法が,オイラーの公式と指数関数の加法定理 (6.5) から得られます. それには $e^{i(\alpha+\beta)}$ を2通りに計算すればよいのです. まずオイラーの公式をダイレクトに使うと,

$$e^{i(\alpha+\beta)} = \cos(\alpha+\beta) + i\sin(\alpha+\beta)$$

です．一方，指数関数の加法定理 (6.5) を使ったあとにオイラーの公式を使うと，

$$\begin{aligned}e^{i(\alpha+\beta)} &= e^{i\alpha}e^{i\beta}\\ &= (\cos\alpha + i\sin\alpha)(\cos\beta + i\sin\beta)\\ &= (\cos\alpha\cos\beta - \sin\alpha\sin\beta) + i(\sin\alpha\cos\beta + \cos\alpha\sin\beta)\end{aligned}$$

となります．この 2 つは同じ複素数なので，実部同士を比べると (6.8) が，虚部同士を比べると (6.7) が得られるのです．このやり方を覚えておけば，三角関数の加法定理を忘れたときにも自力で復元できるでしょう．

この加法定理の計算を見ると，三角関数で考えるより指数関数で考えた方が物事がすっきりと見えるように思えます．これはその通りで，sin と cos は，2 人揃って一人前という関数なのです．加法定理 (6.7), (6.8) においても，sin の加法定理の結果を表すには cos も必要となり，同じく cos の加法定理の結果を表すには sin が必要となります．また微分を考えても，

(6.9) $\qquad (\sin x)' = \cos x, \quad (\cos x)' = -\sin x$

でしたから，相方の力を借りないと表すことができません．一方指数関数 e^x は 1 人で自立した関数です．加法定理の結果は (6.5) の通り自分自身で表せますし，微分についても

$$(e^x)' = e^x$$

なので，やはり自分だけで表せています．そういうわけで，いつも2人同時に扱わないと不足を生じる三角関数よりは，1人だけ扱えば済む指数関数の方が，格段に扱いやすいのです．ところがオイラーの公式の力を使うと，虚数変数の指数関数を考えることで三角関数2人をいっぺんに扱うことができ，別々に2本必要だった式が1本で済んでしまいます．加法定理がその例でしたが，微分についても同様のことができます．それを見るために，ここで1つだけ公式を用意します．

定理 6.1 α を複素数とするとき，

(6.10) $$(e^{\alpha x})' = \alpha e^{\alpha x}$$

証明 複素数ということはあまり気にせずに，微分の定義に当てはめて見てみます（そうしてよいということは，ここでは説明しませんが保証されます）．

$$\begin{aligned}
(e^{\alpha x})' &= \lim_{h \to 0} \frac{e^{\alpha(x+h)} - e^{\alpha x}}{h} \\
&= \lim_{h \to 0} \frac{e^{\alpha x} e^{\alpha h} - e^{\alpha x}}{h} \\
&= \lim_{h \to 0} \frac{e^{\alpha x}(e^{\alpha h} - 1)}{h} \\
&= e^{\alpha x} \lim_{h \to 0} \frac{e^{\alpha h} - 1}{h} \\
&= e^{\alpha x} \lim_{h \to 0} \frac{e^{\alpha h} - 1}{\alpha h} \times \alpha
\end{aligned}$$

6 オイラーの公式

$$= \alpha e^{\alpha x} \ell(e)$$
$$= \alpha e^{\alpha x}$$

指数関数の加法定理を使ったり，第 4 章の指数関数の微分のところで使ったテクニックを使ったり，e の定義が $\ell(e)=1$ であるということを使ったりしました．□

これを使って e^{ix} の微分を計算してみましょう．

$$(e^{ix})' = ie^{ix}$$
$$= i(\cos x + i\sin x)$$
$$= -\sin x + i\cos x$$

となりますね．一方オイラーの公式を使ってから微分を計算すると，

$$(e^{ix})' = (\cos x + i\sin x)'$$
$$= (\cos x)' + i(\sin x)'$$

となりますから，これらの実部同士，虚部同士を比較することで，三角関数の微分の公式 (6.9) が得られることになります．

定理 6.1 の証明をほとんどそのまま使って，より一般的な公式が導けますので，後のために紹介しておきましょう．

定理 6.2 α を複素数とするとき，

$$(f(\alpha x))' = \alpha f'(\alpha x)$$

証明

$$(f(\alpha x))' = \lim_{h \to 0} \frac{f(\alpha(x+h)) - f(\alpha x)}{h}$$

$$= \lim_{h \to 0} \frac{f(\alpha x + \alpha h) - f(\alpha x)}{h}$$

$$= \lim_{h \to 0} \frac{f(\alpha x + \alpha h) - f(\alpha x)}{\alpha h} \times \alpha$$

$$= \alpha \lim_{h \to 0} \frac{f(\alpha x + \alpha h) - f(\alpha x)}{\alpha h}$$

$$= \alpha f'(\alpha x) \quad \square$$

■複素数の表示

前章で,複素数 z に対して,その絶対値 $|z| = r$ と偏角 $\arg z = \theta$ を用いた表示

$$z = r(\cos\theta + i\sin\theta)$$

を与えていました((5.12)式).この表示は,オイラーの公式を使うと非常にシンプルに書き表されます.すなわち

(6.11) $$z = re^{i\theta}$$

という表示が得られます.

前章ではこう書く前の表示 (5.12) を使って複素数の積を計算していました.そこでは三角関数の加法定理が用いられていましたね.しかし新しい表示 (6.11) では三角関数が消えて指数関数で書かれているので,上で見たように三角関数の加法定理をより簡単な指数関数の加法定理に帰着させることが

でき，計算がぐんと簡明になります．やってみましょう．

2つの複素数 z_1, z_2 があって，$|z_1|=r_1$, $\arg z_1 = \theta_1$, $|z_2|=r_2$, $\arg z_2 = \theta_2$ とするとき，

$$z_1 z_2 = r_1 e^{i\theta_1} r_2 e^{i\theta_2} = r_1 r_2 e^{i(\theta_1+\theta_2)}$$

となります．これより

$$|z_1 z_2| = r_1 r_2 = |z_1||z_2|, \ \arg(z_1 z_2) = \theta_1 + \theta_2 = \arg z_1 + \arg z_2$$

が直ちに得られます（前章の (5.13) 式です）．前章の計算と比較すると，オイラーの公式の威力がわかりますね．

■三角関数を指数関数で表す

オイラーの公式

$$e^{ix} = \cos x + i \sin x$$

において x のところを $-x$ にすると，$\cos(-x) = \cos x$，$\sin(-x) = -\sin x$ より

$$e^{-ix} = \cos x - i \sin x$$

となります．この両辺を足して 2 で割ると，

$$\cos x = \frac{e^{ix} + e^{-ix}}{2}$$

が得られます．また辺々引いて $2i$ で割ることで

$$\sin x = \frac{e^{ix} - e^{-ix}}{2i}$$

が得られます．こうして三角関数が，指数関数を用いて表されました．あらためて公式として書いておきましょう．

(6.12) $$\sin x = \frac{e^{ix} - e^{-ix}}{2i}, \quad \cos x = \frac{e^{ix} + e^{-ix}}{2}$$

この表示から，我々がすでに知っている三角関数の公式を導き出すことができます．たとえば

$$\sin^2 x + \cos^2 x = \left(\frac{e^{ix} - e^{-ix}}{2i}\right)^2 + \left(\frac{e^{ix} + e^{-ix}}{2}\right)^2$$
$$= -\frac{e^{2ix} - 2 + e^{-2ix}}{4} + \frac{e^{2ix} + 2 + e^{-2ix}}{4}$$
$$= 1$$

となって，(3.2) の公式が得られました．あるいは加法定理 (3.3) についても，

$$\sin\alpha\cos\beta + \cos\alpha\sin\beta$$
$$= \frac{e^{i\alpha} - e^{-i\alpha}}{2i} \cdot \frac{e^{i\beta} + e^{-i\beta}}{2} + \frac{e^{i\alpha} + e^{-i\alpha}}{2} \cdot \frac{e^{i\beta} - e^{-i\beta}}{2i}$$
$$= \frac{e^{i(\alpha+\beta)} - e^{i(-\alpha+\beta)} + e^{i(\alpha-\beta)} - e^{-i(\alpha+\beta)}}{4i}$$
$$\quad + \frac{e^{i(\alpha+\beta)} + e^{i(-\alpha+\beta)} - e^{i(\alpha-\beta)} - e^{-i(\alpha+\beta)}}{4i}$$
$$= \frac{e^{i(\alpha+\beta)} - e^{-i(\alpha+\beta)}}{2i}$$
$$= \sin(\alpha+\beta)$$

というふうに導くことができます．

三角関数を (6.12) のように表すことのより深い意味は，複

素解析という分野において鮮明になります．複素解析について詳しく述べることはできないので，ごく簡単に説明しましょう．単なるお話と思って読み流して下さい．

三角関数が入っている積分は，物理や工学などいろいろなところに現れます．そのような積分を，(6.12)を使って複素数の値をとる複素積分に書き換えます．その複素積分は留数定理という方法を使って計算することができる場合が多く，通常のやり方では計算できない積分が，このようにして求められます．たとえば

$$\int_0^{2\pi} \frac{d\theta}{2+\sin\theta}$$

というような積分を考えてみましょう．$z=e^{i\theta}$ とおくと(6.12)により $\sin\theta = (z-z^{-1})/2i$ となるので，これを代入することで

$$\int_0^{2\pi} \frac{d\theta}{2+\sin\theta} = \int_C \frac{2}{z^2+4iz-1}\,dz$$

という複素積分への書き換えができます．右辺にある C は積分路と呼ばれるもので，この場合は複素平面の単位円になります．右辺の積分は留数定理を使って計算でき，その結果 $2\pi/\sqrt{3}$ という積分値が得られます．

別の例として，もう少し複雑な議論を必要としますが

$$\int_0^\infty \sin x^2\,dx = \int_0^\infty \cos x^2\,dx = \frac{\sqrt{\pi}}{2\sqrt{2}}$$

という積分も，(6.12)により複素積分に持ち込むことで計算

されます．これらはフレネル積分と呼ばれます．

複素解析を用いた積分の計算について理解するには，やはり複素解析（関数論・函数論・複素函数論ともいう）を学ぶ必要があります．がんばって勉強したいという方には，たとえば犬井鉄郎・石津武彦共著『複素函数論（東京大学基礎工学）』（東京大学出版会）や，木村俊房・高野恭一共著『関数論（新数学講座)』（朝倉書店）といった本をお勧めします．

$$***\ \text{ノート}\ ***$$

二項定理を紹介します．そのため，二項定理に現れる二項係数というものをまず紹介しましょう．

n個のものからk個を選ぶ選び方は何通りあるか，という問題を考えます．n個のものには$1, 2, 3, \cdots, n$というふうに番号がついているとしましょう．まず1個選ぶとすると，選び方はn通りあります．2個目を選ぶときには，1個すでに選んだあとなので，残っている$n-1$個から選ぶことになり，$n-1$通りの選び方ができます．1個目の選び方n通りの1つ1つについて$n-1$通りの選び方があるので，1個目と2個目を選ぶ選び方は$n \times (n-1)$通りあることになります．

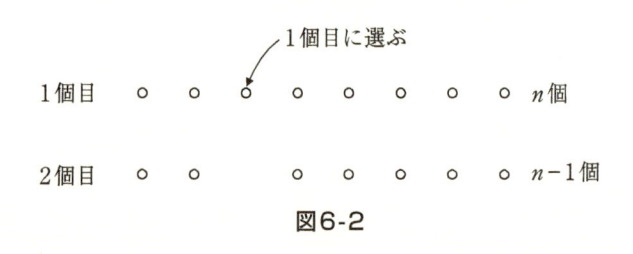

図6-2

これを続けていくと，k 個目まで選ぶ選び方は $n\times(n-1)\times(n-2)\times\cdots\times(n-k+1)$ 通りということになります．しかしこれには，結果として同じものが選ばれた場合が重複して数えられています．たとえば 1 回目に 1 を，2 回目に 2 を選んだときと，1 回目に 2 を，2 回目に 1 を選んだときとでは，選ぶ順番は違うけれど結果として 1 と 2 を選ぶという同じ結果を与えるのです．どれだけ重複しているかというと，選んだものには選ばれた順番がついていますので，順番が違ってもメンバーは同じ，というのが重複です．つまり k 個のメンバーを選ぶので，k 個のものを並べる並べ方の数だけ，重複が発生していることになります．k 個のメンバーを並べる並べ方は，1 番目の選び方が k 通り，その k 通りの 1 つ 1 つについて 2 番目のメンバーを選ぶ選び方が $k-1$ 通り，というふうに考えていくと，

$$k\times(k-1)\times(k-2)\times\cdots\times 2\times 1 = k!$$

だけあります．

以上の考察から，n 個のものから k 個を選ぶ選び方は，

$$\frac{n\times(n-1)\times(n-2)\times\cdots\times(n-k+1)}{k!}$$

通りであることがわかります．この数のことを**二項係数**と呼び，${}_nC_k$ で表します．また

$$\begin{aligned}&n\times(n-1)\times(n-2)\times\cdots\times(n-k+1)\\&=\frac{n\times(n-1)\times(n-2)\times\cdots\times(n-k+1)\times(n-k)!}{(n-k)!}\end{aligned}$$

$$= \frac{n!}{(n-k)!}$$

と書けることから，

(6.13) $$_nC_k = \frac{n!}{(n-k)!k!}$$

という表示が得られます．

さて二項定理とは，次の定理です．

定理 6.3（二項定理）

$$(x+y)^n = \sum_{k=0}^{n} {}_nC_k\, x^{n-k}y^k$$

証明 第2章で x^n の微分を計算するときに行ったのと同じ考察を，少し精密に行えば二項定理の証明になります．

$$(x+y)^n = \underbrace{(x+y)(x+y)\cdots(x+y)}_{n\, 個}$$

だから，これを展開することを考えます．そのためには1つ1つのカッコから x か y のどちらかを選び，選んだもの n 個の積を作って，それらをあらゆる選び方に対して足し合わせればよい．積として現れてくるのは，x が何個かと y が何個かの積ですが，合計で n 個となるので，y の個数を k 個とすると

$$x^{n-k}y^k$$

という項になります．ここで k は 0 から n までの間の整数です．同じ項がほかの選び方からも出てくるでしょう．どれだけ出てくるかというと，n 個のカッコから y を選択するカッコ k 個を選ぶ選び方だけ出てきます．その選び方は，直前に紹介した二項係数 ${}_nC_k$ 通りとなります．だから $(x+y)^n$ の展開において，$x^{n-k}y^k$ の係数が ${}_nC_k$ となり，これで二項定理が証明できました．□

指数関数の加法定理の証明に現れた計算をしておきましょう．二項係数の定義 (6.13) を使うと，

$$\frac{x^{n-l}y^l}{(n-l)!l!} = x^{n-l}y^l \times \frac{{}_nC_l}{n!}$$

となるので，

$$\frac{x^n}{n!} + \frac{x^{n-1}y}{(n-1)!1!} + \frac{x^{n-2}y^2}{(n-2)!2!} + \cdots + \frac{x^{n-l}y^l}{(n-l)!l!} + \cdots$$
$$+ \frac{xy^{n-1}}{1!(n-1)!} + \frac{y^n}{n!}$$
$$= \sum_{l=0}^{n} \frac{x^{n-l}y^l}{(n-l)!l!}$$
$$= \sum_{l=0}^{n} x^{n-l}y^l \times \frac{{}_nC_l}{n!}$$
$$= \frac{1}{n!} \sum_{l=0}^{n} {}_nC_l\, x^{n-l}y^l$$
$$= \frac{1}{n!} \times (x+y)^n$$

が得られました．

7　簡単な応用

「オイラーの公式」は，e と i と sin と cos が調和する，素晴らしく「美しい」公式です．しかし，「美しい」だけではありません．「オイラーの公式」が偉大なのは，実はたいへん応用範囲が広く，数学だけでなく物理学や工学の広い分野で「実用の道具」として大活躍しているからです．そこでこれから後の章では，オイラーの公式がどのように活躍しているか，その一端を説明します．まずは簡単な応用から．

バスに乗って吊り革につかまって立っている時を思い浮かべて下さい．バスが発車すると，身体は進行方向と反対側に引っ張られるように感じ，停車する時には進行方向に押されるように感じます．つまりこれらの時には，我々の身体に力が加わっているのです．ところが一定の速度で走っている時には，それが時速 20km であっても 40km であっても力は感じられず，何事もなくまっすぐ立っていられます．

発車の時は速度が 0 からプラスに変化し，停車する時はプラスから 0 に変化します．このことから，身体に働く力は，速度ではなく，速度の変化に関係していることが推察されますね．

7 簡単な応用

発車するとき

停車するとき

一定の速度で走っているとき

図7-1

さて，速度の変化を表す手段を，実は我々はすでに持っています．時刻 t までに進んだ距離を表す関数を $f(t)$ とすると，速度は $f(t)$ の変化を表すものとして微分 $f'(t)$ によって与え

られるのでした．すると速度 $f'(t)$ の変化を表すには，これの微分，すなわち

$$(f'(t))' = f''(t)$$

を作ればよいのです．速度の変化を表す量を**加速度**と呼びますので，加速度は距離を表す関数を2回微分して得られることになります．

力と加速度が関係する，というのはニュートンによる偉大な発見で，彼はこれを運動法則

(7.1) $$F = ma$$

として表しました．これは質量 m の物体に力 F が働いたときの加速度を a とすると，m, F, a の間にこのような簡単な関係が成立する，という実に美しい法則です．(7.1) は運動方程式とも呼ばれます．

ニュートンの運動法則は自然科学に革命をもたらしました．この法則によって，力 F を加えたら物体がどのように動くのか，ということがわかってしまうからです．実際に動かしてみる前にどう動くかがわかるので，我々は物体の動きを我々の望むようにコントロールできるようになりました．

ところでニュートンの法則が教えてくれるのは加速度 a です．一方我々が知りたいのは，時刻 t で物体がどこにあるか，という位置を表す情報です．関数でいうと，$f(t)$ が知りたいのだけれど，それを2回微分した $f''(t)$ が現れる方程式（微分方程式）が与えられている，という状況になります．したがってニュートンの運動法則から実際の運動を求めるために

は，「微分方程式を解く」という作業が必要となります．

1つ例を見てみましょう．長さ ℓ のひもに質量 m のおもりがぶら下がっている，振り子を考えます．

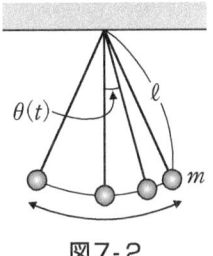

図7-2

振り子を揺らすと，左右に振れる運動をします．図のように，時刻 t のときにひもが鉛直方向となす角を $\theta(t)$ としましょう．振り子が振れるという運動は，$\theta(t)$ が t につれて変化するということで表されます．だから関数 $\theta(t)$ がわかれば，振り子の運動が完全にわかります．

ニュートンの運動法則を用いると，$\theta(t)$ は次の微分方程式をみたすことがわかります．

$$m\ell\theta'' = -mg\theta$$

ここで g は重力加速度と呼ばれるある定数です．この微分方程式の導き方については，章の最後のノートをご覧下さい．両辺に共通にかかっている m を消しましょう．

$$\ell\theta'' = -g\theta$$

これは数学的には単純な手続きですが，このことから振り子の運動はおもりの重さに関係しないことがわかります．もう少し書き換えましょう．

(7.2) $$\theta'' + \frac{g}{\ell}\theta = 0$$

この微分方程式をみたす関数 $\theta(t)$ を求めることができれば，振り子の運動がわかります．

■微分方程式 $y'' + ay' + by = 0$ の解き方

微分方程式 (7.2) を少し一般化して，

(7.3) $$y'' + ay' + by = 0$$

という微分方程式を考え，その解き方を紹介します．ここで a, b は定数です．この解き方の中に，オイラーの公式が現れます．

なぜそうするとよいか，ということはとりあえず問わずに，

(7.4) $$y(t) = e^{ct}$$

とおいて下さい．c は定数とします．定理 6.1 を使って $y(t)$ の微分，2 階微分を計算することができて，

$$y'(t) = ce^{ct},\ y''(t) = c^2 e^{ct}$$

が得られます．これらを微分方程式 (7.3) に代入してみましょう．

$$c^2 e^{ct} + ace^{ct} + be^{ct} = 0$$
$$(c^2 + ac + b)e^{ct} = 0$$

指数関数 e^{ct} は決して 0 にはならないので，これから

$$c^2 + ac + b = 0$$

が得られます．これは c を未知数とする 2 次方程式ですね．2 次方程式らしい気分を出すために，c の代わりに x を使って

$$x^2 + ax + b = 0$$

と書いても結構です．したがってこの 2 次方程式の解を求めて，それを (7.4) の c のところに代入すると，微分方程式 (7.3) の解が得られることになります．2 次方程式は 2 つの解を持つので，こうして微分方程式 (7.3) の 2 つの解が得られます．

我々は 2 つの解を求めたのですが，実はこれで，(7.3) のすべての解を手に入れたことになっています．その理由を説明しましょう．(7.3) の解 $\varphi(t)$ と任意の定数 A について，$y(t) = A\varphi(t)$ も微分方程式 (7.3) の解になります．実際，

$$y''(t) + ay'(t) + by(t) = A\varphi''(t) + aA\varphi'(t) + bA\varphi(t)$$
$$= A(\varphi''(t) + a\varphi'(t) + b\varphi(t))$$
$$= 0$$

となるからです．また (7.3) の 2 つの解 $\varphi(t), \psi(t)$ があれば，$y(t) = \varphi(t) + \psi(t)$ も解となります．これも実際，

125

$$\begin{aligned}
y''(t)+ay'(t)+by(t) &= (\varphi+\psi)''+a(\varphi+\psi)'+b(\varphi+\psi)\\
&= \varphi''+\psi''+a(\varphi'+\psi')+b(\varphi+\psi)\\
&= (\varphi''+a\varphi'+b\varphi)+(\psi''+a\psi'+b\psi)\\
&= 0
\end{aligned}$$

となるからです．したがって 2 つの解 $\varphi(t), \psi(t)$ があれば，2 つの任意定数 A, B を持ってきたとき

(7.5) $$y(t) = A\varphi(t) + B\psi(t)$$

も解になります．この事実を**重ね合わせの原理**といいます．

微分方程式 (7.3) に現れる y の微分は 2 階が最高なので，(7.3) は 2 階微分方程式と呼ばれます．2 個の任意定数を含む 2 階微分方程式の解は，一般解といわれ，すべての解を表すことが知られています（n 階微分方程式では，n 個の任意定数を含む解が一般解）．したがって (7.5) が微分方程式 (7.3) の一般解となり，すべての解を表すのです．

これで微分方程式 (7.3) のすべての解の求め方がわかりました．実際の作業を，2 つの具体例で見てみましょう．はじめの例として，

$$y'' - 3y' + 2y = 0$$

という微分方程式を考えます．対応する 2 次方程式は

$$x^2 - 3x + 2 = 0$$

となりますね．左辺は $(x-1)(x-2)$ と因数分解されるので，$x = 1, 2$ が解です．したがって

$$y(t) = e^t,\ e^{2t}$$

という微分方程式の2つの解が得られました．したがってA, Bを任意定数として，

$$y(t) = Ae^t + Be^{2t}$$

という一般解が得られました．

次の例として，

$$y'' + y = 0$$

を解いてみましょう．対応する2次方程式は

$$x^2 + 1 = 0$$

となります．この2次方程式は実数解を持たず，解は

$$x = \pm i$$

という虚数になってしまいます．しかし気にせずに手順を続けてみます．これを(7.4)のcのところに代入するのでした．すると2つの"解"

$$\varphi(t) = e^{it},\ \psi(t) = e^{-it}$$

が得られます．これらは虚数を含んでいるので，このままはどんな運動を表す関数なのかわかりません．

さてここでオイラーの公式を使ってみましょう．すると

127

$$\varphi(t) = \cos t + i \sin t$$
$$\psi(t) = \cos t - i \sin t$$

となります．ところで2つの解に定数を掛けて足し合わせたものも，また解になるのでした．そこで

$$\frac{1}{2}\varphi(t) + \frac{1}{2}\psi(t)$$

を計算してみると，$\cos t$ となります．また

$$\frac{1}{2i}\varphi(t) - \frac{1}{2i}\psi(t)$$

を計算してみると $\sin t$ となります．つまり虚数を含んだ2つの解 $\varphi(t), \psi(t)$ から，「普通の」関数の解 $\cos t, \sin t$ が得られたのです．よってこの微分方程式の一般解は，

$$y(t) = A\cos t + B\sin t$$

によって与えられます．

以上の2つの例を通して，微分方程式 (7.3) の解き方が，よりはっきりとわかりました．まず微分方程式 (7.3) から2次方程式

$$x^2 + ax + b = 0$$

を作ります．この解が2つの実数であれば，それらを (7.4) の c のところに代入して2つの解を作り，それらに任意定数を掛けて足せば一般解が得られます．2次方程式の2つの解が複素数だったとしましょう．a, b は実数としているので，2

つの複素数解は

$$p \pm iq \quad (p, q : 実数)$$

の形をしています．これらをとりあえず (7.4) の c のところに入れて，

$$\varphi(t) = e^{(p+iq)t}, \ \psi(t) = e^{(p-iq)t}$$

を作ります．これらを，指数関数の加法定理とオイラーの公式を使って

$$\varphi(t) = e^{pt} e^{iqt} = e^{pt}(\cos qt + i \sin qt)$$
$$\psi(t) = e^{pt} e^{-iqt} = e^{pt}(\cos qt - i \sin qt)$$

と書き換えます．すると

$$\frac{1}{2}\varphi(t) + \frac{1}{2}\psi(t) = e^{pt} \cos qt$$
$$\frac{1}{2i}\varphi(t) - \frac{1}{2i}\psi(t) = e^{pt} \sin qt$$

という実数の値をとる 2 つの解が得られ，これらから一般解

$$y(t) = A e^{pt} \cos qt + B e^{pt} \sin qt$$

が得られます．

問 7.1 微分方程式

$$y'' + y' + y = 0$$

の一般解を求めよ．

■振り子の等時性

それでは今の方法を使って，振り子の方程式 (7.2) を解きましょう．対応する 2 次方程式は

$$x^2 + \frac{g}{\ell} = 0$$

ですから，これを解いて

$$x = \pm i\sqrt{\frac{g}{\ell}}$$

を得ます．したがって

$$\cos\sqrt{\frac{g}{\ell}}t,\ \sin\sqrt{\frac{g}{\ell}}t$$

という 2 つの解が得られ，一般解は

$$\theta(t) = A\cos\sqrt{\frac{g}{\ell}}t + B\sin\sqrt{\frac{g}{\ell}}t$$

と表されます．三角関数の性質を使うと，この解は

(7.6) $$\theta(t) = C\cos\left(\sqrt{\frac{g}{\ell}}t + \omega\right)$$

と書き換えられます．ここで C と ω は定数です．この表示を使って振り子の運動を調べてみましょう．

振り子が一番大きく振れたところから一往復して同じ位置まで戻ってくるまでにかかる時間を，周期といいます．この

7 簡単な応用

周期を，表示 (7.6) から求めることができます．

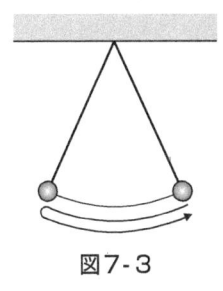

図7-3

一番大きく振れるのは $\theta(t)$ の値が最大になるときだから，それは cos の値が 1 になるときです．すなわちその時刻を t_0 とすると，

$$\sqrt{\frac{g}{\ell}}t_0 + \omega = 0$$

となります．その後 cos の値は減少をはじめ，-1 になったあと増加に転じて，再び値 1 をとるのは

$$\sqrt{\frac{g}{\ell}}t_1 + \omega = 2\pi$$

となる時刻 t_1 のときです．よって周期は $t_1 - t_0$ で与えられ，計算してみると

$$t_1 - t_0 = \sqrt{\frac{\ell}{g}}(2\pi - \omega) - \sqrt{\frac{\ell}{g}}(-\omega) = 2\pi\sqrt{\frac{\ell}{g}}$$

が得られます．

この結果を見ると，振り子の周期はひもの長さℓによってのみ決まり，振り子の振れ幅には関係しないことがわかります．つまり，大きく振れている振り子も小さく振れている振り子も，ひもの長さが同じならば周期は同じなのです．

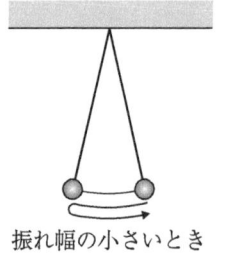

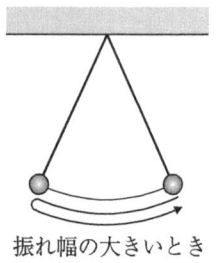

振れ幅の小さいとき　　振れ幅の大きいとき

図7-4

これを振り子の等時性といいます．これはガリレオが発見した有名な事実で，この等時性に基づいて，航海中も正確に時を刻み続ける時計を作ることができました．船が揺れると振り子の振れ幅は変わるけれど，等時性により周期は変わらないので，振り子が何往復したかを数えれば時間の経過が正確にわかるからです．

ガリレオの活躍した16〜17世紀はまた大航海時代であり，人々が船で大西洋や太平洋といった大洋を渡っていきました．そのときに正確な時刻のわかる時計は，非常に貴重でした．というのは，時計があると船の位置がわかるからです．その理屈は次の通りです．たとえば北海道の札幌と九州の福岡の日の出の時刻は，夏至の頃であれば約1時間10分違います．この日の出の時刻の違いは主に両都市の経度の違いからくる

ものです．すると逆に，日の出の時刻の違いから経度の違いを知ることができます．この原理によって，航海中の日の出の時刻がわかれば，出発地からどれくらい東にあるいは西に進んだかがわかるのです．

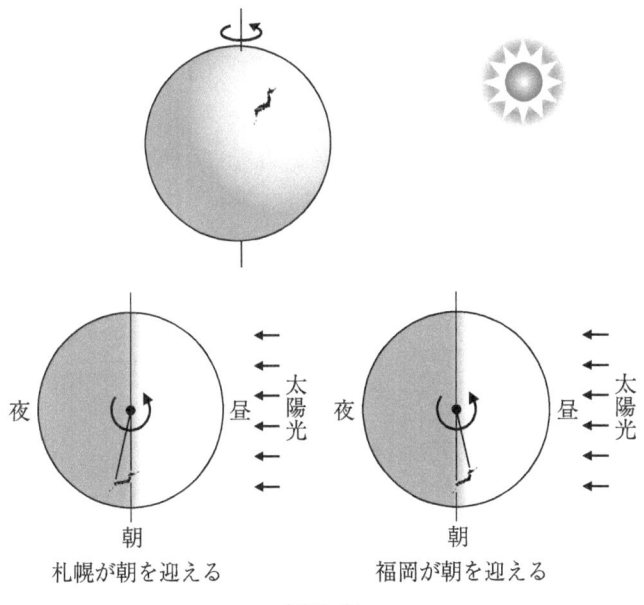

札幌が朝を迎える　　　　　福岡が朝を迎える

図7-5

というわけで，航海中に正確に時を刻む時計を作ることができれば，いろいろな国の王様や議会から莫大な賞金がもらえました．残念ながらガリレオはその原理は発見したのですが，時計として実用化するところまではいかず，賞金はもらわなかったようです．

*** ノート ***

振り子の運動を表す微分方程式

$$m\ell\theta'' = -mg\theta$$

の導出を行います．

振り子のおもりは，半径 ℓ の円周上を左右に往復運動します．時刻 t のときのおもりの位置は，おもりの静止位置（一番下のところ）から円周上を何 cm 進んだところにあるか，という数値で表すことができます．その数値を f としましょう．f はおもりが右に振れているときにはプラス，左に振れているときにはマイナスの値としておきます．

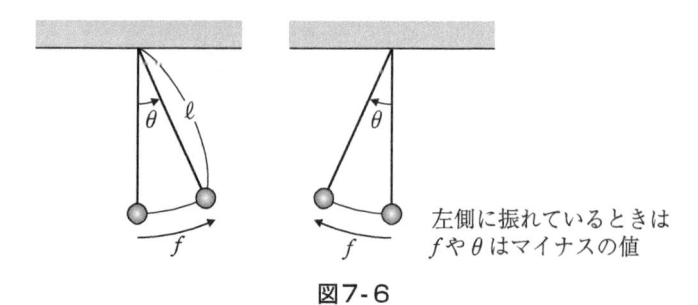

左側に振れているときは f や θ はマイナスの値

図7-6

f は，振り子のひもが鉛直方向となす角度 θ を用いて

$$f = \ell\theta$$

と表すことができます．ここで角度 θ の測り方も，振り子が

右に振れているときにはプラス，左に振れているときにはマイナスとしておきます．f や θ は時刻 t とともに値を変えるので，t を変数とする関数 $f(t), \theta(t)$ となります．これで座標の設定ができました．

$f(t)$ はおもりの位置を表す関数ですので，その加速度は $f''(t)$ によって与えられます．またおもりに働く外力は，おもりを下に引っ張ろうとしている重力で，その大きさはおもりの質量 m と重力加速度 g の積 mg で与えられることが知られています．しかし f が変化する方向は円の接線方向なので，重力のうちこの方向の成分だけがおもりの運動を引き起こす外力として働きます．接線方向の成分を求めるのは，ベクトルの分解という考え方でできます．その結果，接線方向の成分として $mg \sin \theta$ が得られます（図7-7参照）．ただしこの力は f を減らす方向に働くので，マイナスをつけて $-mg \sin \theta$ とします．

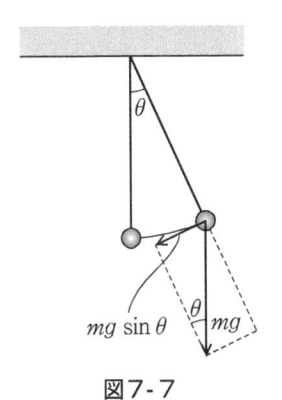

図7-7

以上で運動方程式を構成するメンバーがそろいました．これらを運動方程式 (7.1) に代入すると，

$$mf'' = -mg\sin\theta$$

となります．さらに $f(t) = \ell\theta(t)$ を用いると，この方程式は

$$m\ell\theta'' = -mg\sin\theta$$

と書かれます．これが厳密な形の振り子の運動方程式です．この方程式は，楕円関数という少し難しい関数を使って解くことができますが，振り子の振れ幅があまり大きくないときには，もっと解きやすい方程式で近似することが可能です．それは $|\theta|$ が小さいときには，$\sin\theta$ は θ によって近似されるということを使い，右辺の $\sin\theta$ を θ で置き換えたものです．

$$m\ell\theta'' = -mg\theta$$

これが求めたかった振り子の運動方程式です．微分方程式の理論によって，この方程式の解は，厳密な方の方程式の解をよく近似することが保証されます．

問 7.1 の解答　微分方程式

$$y'' + y' + y = 0$$

に対応する 2 次方程式

$$x^2 + x + 1 = 0$$

を解くと，解

$$x = \frac{-1 \pm \sqrt{3}\,i}{2}$$

が得られる．これより，微分方程式の解

$$\varphi(t) = e^{\frac{-1+\sqrt{3}\,i}{2}t} = e^{-\frac{t}{2}}\left(\cos\frac{\sqrt{3}}{2}t + i\sin\frac{\sqrt{3}}{2}t\right),$$
$$\psi(t) = e^{\frac{-1-\sqrt{3}\,i}{2}t} = e^{-\frac{t}{2}}\left(\cos\frac{\sqrt{3}}{2}t - i\sin\frac{\sqrt{3}}{2}t\right)$$

が得られる．この2つを組み合わせることで，

$$\frac{1}{2}\varphi(t) + \frac{1}{2}\psi(t) = e^{-\frac{t}{2}}\cos\frac{\sqrt{3}}{2}t,$$
$$\frac{1}{2i}\varphi(t) - \frac{1}{2i}\psi(t) = e^{-\frac{t}{2}}\sin\frac{\sqrt{3}}{2}t$$

という2つの実数値解が得られる．したがって A, B を定数として，一般解

$$y(t) = Ae^{-\frac{t}{2}}\cos\frac{\sqrt{3}}{2}t + Be^{-\frac{t}{2}}\sin\frac{\sqrt{3}}{2}t$$

が得られた．

8 電気回路

　今はどうか知りませんが,私が小学生の頃は男の子の遊びの中にラジオ作りもありました.子供向け科学雑誌に作り方が載っていて,そこに書かれている部品のリストと回路図を書き写して,お店に部品を買いに行きます.当時私が住んでいた北海道の街にも抵抗やコンデンサーを売っているお店があり,お店のおじさんにリストを見せるのですが,ちょうどの値の部品がないこともよくありました.そんなときおじさんは「回路図を見せてみろ」と言って,「これならここのコンデンサーはこの値のものでも大丈夫」と代替できるものを見つけてくれました.

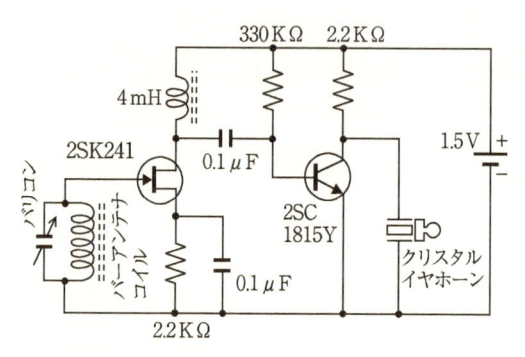

図8-1　トランジスタラジオの回路図の例
電子マスカット HP より

学校でも電池と豆電球の電気回路の実験などをしていましたので、電気について少しはわかっていましたが、複雑なラジオの回路図なんかは全く理解できず、お店のおじさんはすごいなぁと感嘆するばかりでした。電圧・電流・抵抗の関係を表すオームの法則はよくわかったけれど、コンデンサーあたりのことが全くわからなかった。今考えると、わかっていたのは直流回路の話で、コンデンサーなどがその力を発揮する交流回路が理解できなかったのだろうと思います。交流というのは電圧がプラスになったりマイナスになったり振動するもので、振動現象というのは難しいものですよね。しかし仮想的に複素数を導入すると、振動が1つの指数関数で表され、交流回路についても直流回路と同じようなオームの法則（もどき）で調べることができるようになります。振動が1つの指数関数で表されるのは、オイラーの公式のおかげです。というわけでこの章では、交流の電気回路でオイラーの公式が活躍する様子を紹介することにしましょう。

■オームの法則

皆さんも小学校で実験したと思いますが、電池と豆電球の回路を思い出してみましょう。

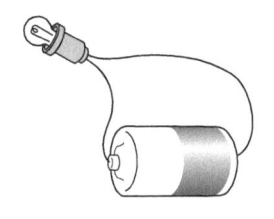

図8-2

これで豆電球が光ります．この回路を記号を使って書くと，次の図のようになります．ここで ｜｜ は電池を表し，(⊗) は豆電球を表します．電池の記号の長い線の側がプラスで，短い線がマイナスです．

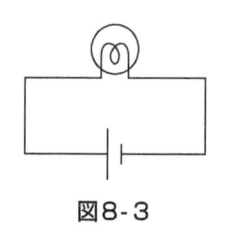

図8-3

　電池は電流を流すための圧力である電圧を持っているので，プラスとマイナスをつなぐと電流が流れ，その途中にある豆電球が光ります．豆電球は電流を光に変える働きを持ち，そのため電流を流れにくくします．電流を流れにくくする働きを一般に抵抗といいます．したがって豆電球は抵抗の一種であり，図8-3の回路で豆電球を抵抗の記号で置き換えることができます．−〰〰− が抵抗の記号です．

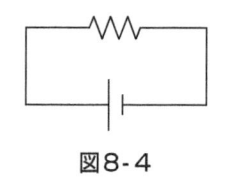

図8-4

　さてこの回路において，電圧の強さを E，電流の大きさを I，抵抗の大きさを R という文字で表すと，

(8.1) $$E = RI$$

という関係が成り立ちます．これを**オームの法則**といいます．この法則が意味するのは，(8.1) を

$$I = \frac{1}{R} E$$

と書くとはっきりわかりますが，電流の大きさは電圧の強さに比例する，その比例定数は抵抗の逆数である，ということです．また電圧が一定であるとした場合には，電流の大きさと抵抗の大きさは反比例する，というふうに読むことができます．

2つの抵抗を直列につないだ場合を考えます．直列とは，図のように回路上連続してつなぐつなぎ方です．

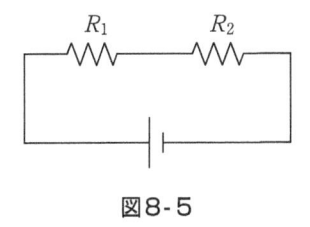

図8-5

それぞれの抵抗の大きさを R_1, R_2 としましょう．これら2つの抵抗はいずれも電流を流れにくくする働きをするので，まとめて1つの抵抗があると考えることができます．そのまとめた抵抗の値を R としましょう．すると R_1, R_2 と R の間に，

$$(8.2) \qquad R = R_1 + R_2$$

という関係が成り立ちます．つまり連続してつなぐと抵抗の値が和となって大きくなる，ということで，そのためオームの法則によって流れる電流の大きさは小さくなります．これは豆電球の実験でも，2つの豆電球を連続してつなぐと明るさが減る，ということから実感できます．

　抵抗を直列につなぐと抵抗の値はそれぞれの値の和になる，という公式 (8.2) は，これ以上ないくらい非常に簡潔です．この簡潔な公式が，交流回路でもオイラーの公式のおかげで使える，ということを述べていきたいと思います．なお並列につなぐ，という話をご存じの方も多いと思います．並列につないだ場合の抵抗の値についての公式もあり，交流回路でもやはり同様の公式が作れるのですが，本書では直列の話に限ることにしました．直流回路の話を交流回路に持っていく行き方がわかることが大事で，それがわかれば並列の場合にどうなるかは自ずと見えてきます．

■コンデンサー

　コンデンサーというのは電気部品で，2枚の電極を向かい合わせて，間に電気を通さない絶縁体をはさんで作ります．だから豆電球と違って，電池のように一定の電圧を持つ電源につないでも，電気は流れません．

8 電気回路

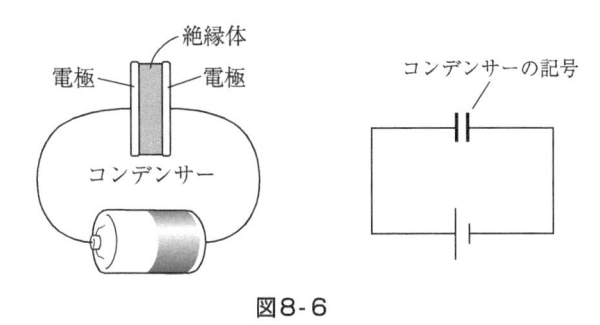

図8-6

コンデンサーが電気回路の中で機能を発揮するのは，電圧が変化するときです．コンデンサーには電荷をためる働きがあるので，電圧をかけると，一方の電極にはプラスの電荷が，他方の電極にはマイナスの電荷がたまります．その結果2つの電極の間に電圧が生じます．

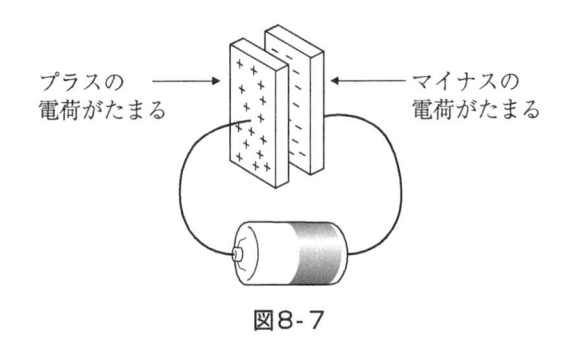

図8-7

コンデンサーにつないでいる電源の電圧が変化すると，コンデンサーの電圧より高く，あるいは低くなるので，電圧の高い方から低い方へ電荷が流れ，電流が発生します．

143

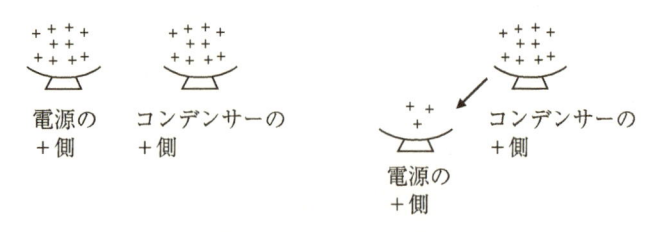

電源の　　　コンデンサーの　　　　　　　　　コンデンサーの
＋側　　　　＋側　　　　　　　　　　　　　　＋側
　　　　　　　　　　　　　　　　　電源の
　　　　　　　　　　　　　　　　　＋側

電源の電圧が一定のとき　　　　電源の電圧が下がると

図8-8

　この電流の大きさは，当然のことながらコンデンサーにかかる電圧の変化が大きいほど大きくなります．実際には，流れる電流は電圧の変化に比例します．今コンデンサーにかかっている電圧を E，コンデンサーから流れる電流を I としましょう．これらは時間 t とともに変化するとしているので，それぞれ t の関数として $E(t), I(t)$ と書きます．電圧 $E(t)$ の変化を表すのは，$E(t)$ の微分 $E'(t)$ に他なりませんね．よって $E(t)$ と $I(t)$ の関係は，

(8.3) $$I(t) = CE'(t)$$

と表されます．ここで C は比例定数で，コンデンサーの**キャパシタンス**と呼ばれます．

■コイル

　導線をグルグルと螺旋状に巻いたのがコイルです．導線が巻かれているだけですから，電源につなぐと電流が流れるだけで，電気的には何事も起きません．⌇⌇⌇⌇ がコイルの記号です．

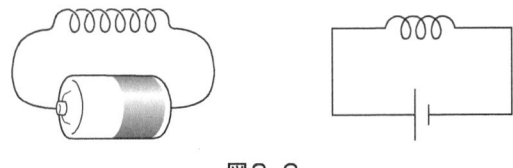

図8-9

コイルの特性は，磁気と合わせて考えることで明らかになります．19世紀の話ですが，電線に電流を流すとその近くにある方位磁石の磁針が動く，という現象が発見されました．電流が磁気的な力を生み出す，という画期的な発見で，その現象を説明する理論を作り上げたのがイギリスの科学者ファラデーです．彼はまず，まっすぐな導線に電流を流すと，そのまわりに円形の磁束が生じることを述べました．磁束というのは磁力線の束，という意味で，磁力線とは磁気的な力の向きを表す曲線です．磁気の強さは，磁力線の本数で表します．

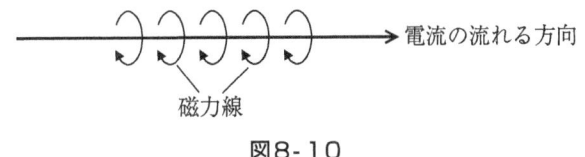

図8-10

この導線を曲げて円を作ってみると，その円の部分の磁力線は図 8-11 のように円の内側では向きが揃って，円と垂直の方向を向いた強い磁力が得られます．

→ 円の内側の磁力の合計

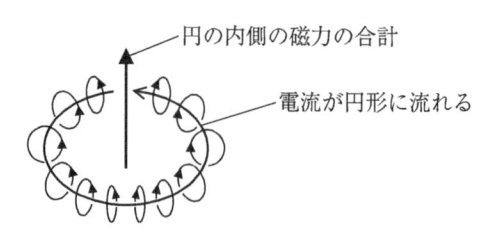

→ 電流が円形に流れる

図8-11

　この円を何重にも巻くと，そこから発生する磁力は巻き線の数だけ強くなります．こうして作ったのがコイルです．

→ コイルの内側の磁力

→ 電流の流れる向き

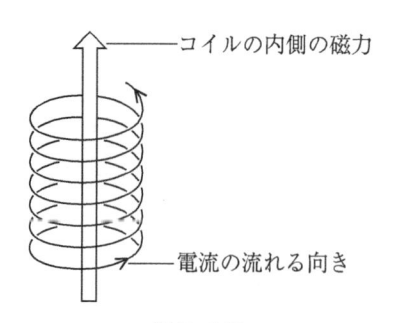

図8-12

　導線を流れる電流が大きければ，それだけ大きな磁力が発生します．したがって電流が変化すれば磁力（磁束）も変化することになります．このことを覚えておきましょう．

　さてファラデーがすばらしいのは，電流が磁力を発生させるのであれば，磁力も電流を発生させるのではないか，と考えついたところにあります．このように2つのものの立場を逆転させる考え方を「双対」（英語では duality）と言い，数

学や物理学において非常に重要な考え方です．ファラデーは，導線のまわりの磁束を変化させると導線に電流が流れることを実験で確かめ，磁束の変化と電流の強さを定量的に記述する電磁誘導の法則を導き出しました．

これはすごい発見で，このおかげで電気を作り出すことができるのです．たとえばコイルの輪の中に棒磁石を出し入れしてみると，そのことによって導線のまわりの磁束が変化するため，コイルに電流が流れます．逆に棒磁石を固定しておいてコイルの方を動かしても，同様に電流が発生します．これが発電機の原理です．

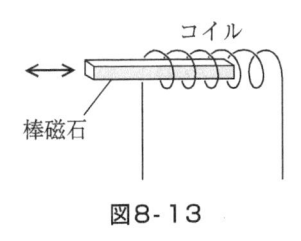

図8-13

コイルが面白いのは，電流の変化と磁束の変化が絡み合って，コイルとしての個性を発揮するところです．コイルに電流を流しておいて，その電流を変化させてみます．その結果電流が発生させる磁束も変化します．するとその磁束の変化に伴って，コイルには電流が発生します．この電流は，もとの電流の流れに抵抗する流れとなります．つまりもとの電流の流れを妨げるような圧力，すなわち電圧が，コイルに発生することになるのです．まとめてみると，コイルでは

電流の変化
↓
磁束の変化
↓
電圧の発生

という現象が起こります．発生する電圧は磁束の変化が大きいほど大きくなり，磁束の変化は電流の変化が大きいほど大きくなります．したがって電圧の大きさは，電流の変化の大きさによって決まることになります．この電圧と電流の関係を表す法則を紹介しましょう．

変化する電流は，時間 t の関数として $I(t)$ と表されますね．同様に発生する電圧も時間とともに変化するので，やはり t の関数として $E(t)$ と表されます．電流の変化を表す量は，電流 $I(t)$ の微分 $I'(t)$ です（微分は変化を表すものでした！）．さてこのとき，電圧 $E(t)$ は，電流の変化 $I'(t)$ に比例する，というのが法則です．

(8.4) $$E(t) = LI'(t)$$

この場合の比例定数 L を，コイルの**インダクタンス**と呼びます．

■インピーダンス

ここまでオームの法則とコンデンサー・コイルの性質を見てきましたが，それぞれ電圧と電流が関係している，という法則 (8.1), (8.3), (8.4) が成り立っていました．ただコンデン

サーとコイルの場合には，電圧や電流そのものではなく，その変化を表す微分が登場しています．これら3つの法則が，ある見方をすると実は同じものになる，ということをお話しします．

電圧や電流が変化しない直流回路では，コンデンサーやコイルは機能を発揮しませんので，それらを交流電源につないでみます．交流電源を表す記号は ⊗ です．

コンデンサーに
交流電源をつなぐ

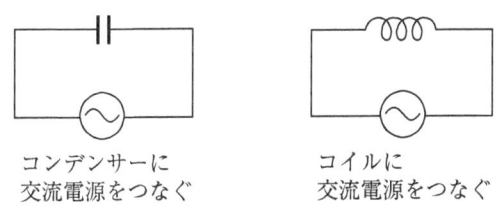

コイルに
交流電源をつなぐ

図8-14

交流電源は，時間とともに電圧がプラス・マイナス・プラス・マイナスと変化するもので，その電圧を E とすると E は時間 t の関数 $E(t)$ となります．$E(t)$ は t についてのどんな関数でもよいのですが，典型的な場合として

(8.5) $$E(t) = E_0 \cos \omega t$$

で与えられるものを考えてみます．ここで E_0, ω は正の定数とします．(8.5) の $E(t)$ のグラフを描いてみましょう．

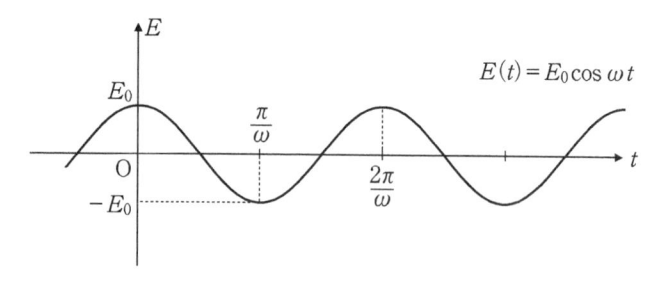

図8-15

　時間とともにプラスマイナスが変化していますね．E_0 は絶対値が最大になるときの電圧を表し，ω は周期（波形が元に戻るのにかかる時間）を決定する定数であることがわかります．$E(t)$ には cos（余弦関数と呼ばれる）が使われていますが，そのグラフは sin（正弦関数と呼ばれる）のグラフを平行移動したものになっているので，$E(t)$ は正弦波交流と呼ばれます．正弦波交流という特別な交流を考えるのですが，重ね合わせの原理が使えるので，一般の交流については正弦波交流の重ね合わせとしてわかることになります．次の図 8-16 では，sin のグラフ（正弦波）を重ね合わせることで，複雑な波形が得られる様子を紹介しています．

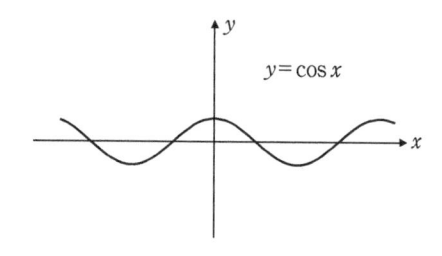

$$y = 2\cos(2x+\pi)$$

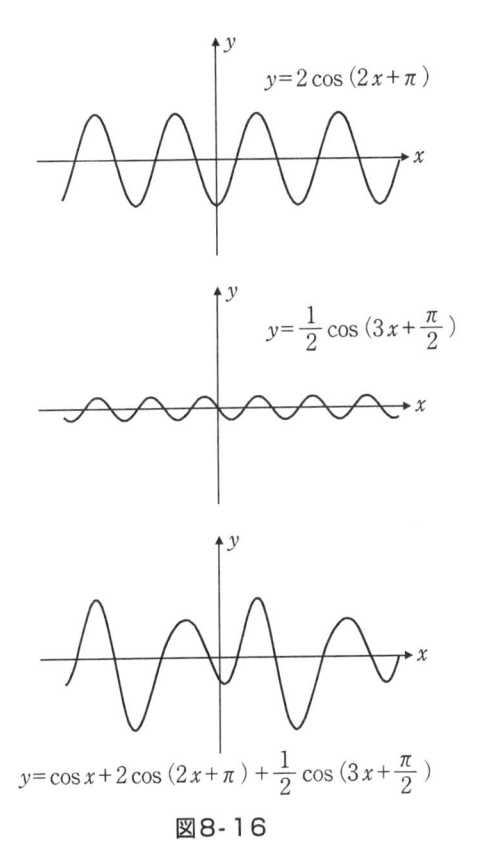

$$y = \frac{1}{2}\cos\left(3x+\frac{\pi}{2}\right)$$

$$y = \cos x + 2\cos(2x+\pi) + \frac{1}{2}\cos\left(3x+\frac{\pi}{2}\right)$$

図8-16

ではまずコンデンサーをこの交流電源につないでみましょう．時刻 t において回路に流れている電流の値を $I(t)$ とおきます．するとコンデンサーの回路の法則 (8.3) により，

$$I(t) = CE'(t) = -CE_0\omega\sin\omega t$$

となることがわかります．$E'(t)$ の計算をするときに，定理 6.2 を使いました．$I(t)$ のグラフを描いてみると，

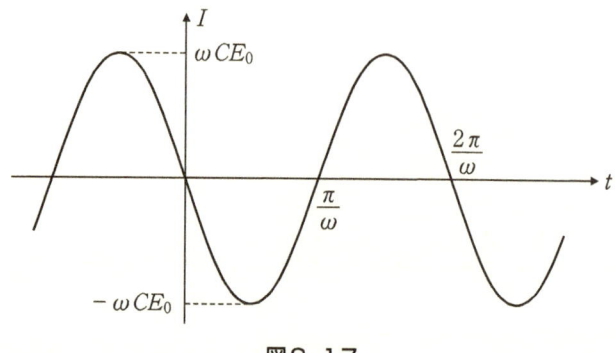

図8-17

となります．$E(t)$ のグラフ図 8-15 と比べてみると，振幅が ωC 倍され，波の上下する時刻が $\pi/2\omega$ だけずれていることがわかります．このずれは数式として表すこともできます．三角関数の定義を使うと，

$$-\sin\theta = \cos\left(\theta + \frac{\pi}{2}\right)$$

という関係式が得られます（図 8-18 参照）．

図8-18

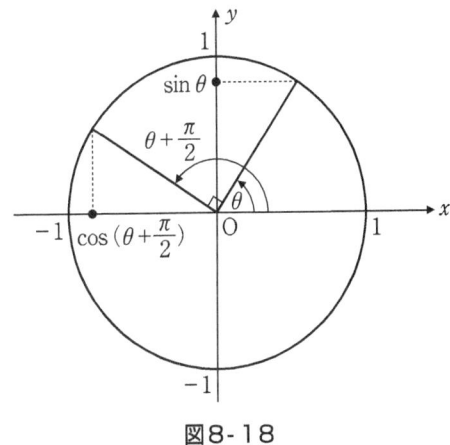

これを使って $I(t)$ を書き換えると

$$I(t) = \omega C E_0 \cos\left(\omega t + \frac{\pi}{2}\right)$$

が得られ，$E(t)$ の cos と比べると $\pi/2$ だけずれることがわかります．このことを，位相が $\pi/2$ ずれている，と言い表します．

結論として，コンデンサーに正弦波交流電圧をかけた場合には，回路に流れる電流はやはり正弦波を描き，ただし振幅が ωC 倍され，位相が $\pi/2$ ずれる，ということがわかりました．

次にコイルに正弦波交流電圧 (8.5) をかけてみましょう．このときに流れる電流を $I(t)$ とすると，コイルの回路の法則 (8.4) によって

$$I'(t) = \frac{E(t)}{L} = \frac{E_0}{L}\cos\omega t$$

が成り立ちます．これは $I(t)$ を直接与える式ではなくて，その微分 $I'(t)$ を与えることで間接的に $I(t)$ を決める式で，大げさに言うと微分方程式です．この微分方程式を解いて $I(t)$ を求めなくてはなりません．定理 6.2 を使って

$$(\sin\omega t)' = \omega\cos\omega t$$

が得られるので，これを利用すると

$$\left(\frac{E_0}{\omega L}\sin\omega t\right)' = \frac{E_0}{L}\cos\omega t = \frac{E(t)}{L}$$

というように微分して $E(t)/L$ となる関数を作ることができます．$I(t)$ もそのような関数でしたから，

$$\left(I(t) - \frac{E_0}{\omega L}\sin\omega t\right)' = \frac{E(t)}{L} - \frac{E(t)}{L} = 0$$

となって，微分して 0 になるのは定数であるので

$$I(t) = \frac{E_0}{\omega L}\sin\omega t + B \quad (B \text{ は定数})$$

が得られます．定数 B を決めないと $I(t)$ は決まりません．$B=0$ のときと $B>0$ のときの $I(t)$ のグラフを描いてみましょう．

8 電気回路

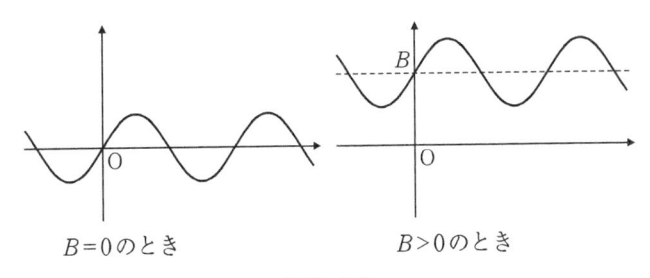

図8-19

$B=0$のとき　　$B>0$のとき

$I(t)$ の微分方程式には定数 B の値を決める力はありません．B の値は次のような考え方で決められます．電流 $I(t)$ を引き起こす原因は電圧 $E(t)$ ですから，$I(t)$ は $E(t)$ の持っている情報だけから決まるはずです．$E(t)$ のグラフでは，プラスになっている部分をそのままひっくり返してマイナスになっている部分ができているので，時間平均をとると 0 になります．一方 $I(t)$ の方はグラフが B だけ上下方向に平行移動しているので，時間平均は B となります．よってもし $B \neq 0$ なら，この値は $E(t)$ とは別の原因から生じたものと考えられ，今の場合は $E(t)$ 以外の原因はないとしているため，$B=0$ であることが結論されます．したがって

$$I(t) = \frac{E_0}{\omega L} \sin \omega t$$

が成り立ちます．やはり三角関数の定義を使うと，

$$\sin \theta = \cos \left(\theta - \frac{\pi}{2} \right)$$

となることがわかるので，これを用いると

155

$$I(t) = \frac{E_0}{\omega L} \cos\left(\omega t - \frac{\pi}{2}\right)$$

が得られます．

よって結論として，コイルに正弦波交流電圧をかけると，回路に流れる電流も正弦波を描き，振幅が $1/\omega L$ 倍され，位相がコンデンサーの時とは逆向きに $\pi/2$ だけずれます．

振幅だけを見れば，コンデンサーでもコイルでも，電流の振幅が電圧の振幅の定数倍になりました．これはオームの法則における，電流と電圧の比例関係によく似ています．しかしコンデンサーやコイルでは位相のずれがあるために，

$$\frac{E(t)}{I(t)}$$

が定数にはならず，その点でオームの法則とは異なります．

しかしここですごいアイデアが現れました．オイラーの公式から

$$e^{i\omega t} = \cos \omega t + i \sin \omega t$$

であるので，電圧を

(8.6) $$E_c(t) = E_0 e^{i\omega t}$$

というようにいったん複素数値にしてしまうのです．(8.5) の $E(t)$ を回復するにはその実部をとればよいので，複素数値で考えても問題ありません．複素電圧 $E_c(t)$ をかけた回路を流れる複素電流を $I_c(t)$ とおきましょう．コンデンサーやコイルの法則 (8.3), (8.4) は，複素電流・複素電圧に対しても同じ

形で成り立つとします．すなわちコンデンサーの回路では

(8.7) $$I_c(t) = CE'_c(t),$$

コイルの回路では

(8.8) $$E_c(t) = LI'_c(t)$$

が成り立つとします．

さてこれらの回路に (8.6) の複素電圧 $E_c(t)$ をかけましょう．コンデンサーの回路では

$$I_c(t) = CE_0 i\omega e^{i\omega t},$$

コイルの回路では

$$I_c(t) = \frac{E_0}{Li\omega} e^{i\omega t}$$

となることが，先の議論と同様にしてわかります．ところでこれらの右辺を見ると，それぞれ

$$I_c(t) = i\omega C E_c(t),$$
$$I_c(t) = \frac{1}{i\omega L} E_c(t)$$

となっているではないですか．つまり複素電圧・複素電流にすると，その比が

$$\frac{E_c(t)}{I_c(t)} = \frac{1}{i\omega C} \qquad (コンデンサーの場合)$$

$$\frac{E_c(t)}{I_c(t)} = i\omega L \qquad (コイルの場合)$$

157

となって，複素数ではありますが定数になってくれました．つまり複素電流 $I_c(t)$ は複素電圧 $E_c(t)$ に比例するのです．そのときの比例定数 $1/i\omega C$, $i\omega L$ は，オームの法則における抵抗と同じようなものと考えることができます．これらの比例定数の値を**インピーダンス**と呼びます．したがってインピーダンスは複素数となります．

複素電圧・複素電流の方法は，計算している段階では意味を考えず，計算結果が出たあとでその実部をとって，現実の問題の意味のある答えを引き出す，というやり方です．するとコンデンサーでもコイルでも抵抗でも，全く区別せずに扱うことが可能となり，計算が著しく簡単になります．その威力を，LC 回路というものを調べることで実感してみましょう．

■ LC 回路

テレビやラジオは，映像や音声を電波に変換して飛ばし，それをアンテナで受信して再び映像や音声に復元するのですが，たくさんのテレビ局やラジオ局の送ってくる電波のうちから，1 つの局の電波を拾い出すことが必要です．そのような仕組みが，コンデンサーとコイルを組み合わせることで作れます．

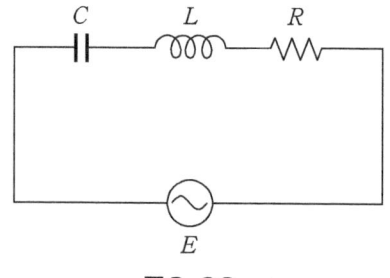

図8-20

8 電気回路

　図のように，交流電源にコンデンサーとコイルと抵抗を直列につなぎます．これは LC 回路と呼ばれます．複素電圧・複素電流で考えることにすると，コンデンサーもコイルも抵抗もそれぞれのインピーダンスを持つ抵抗と思えるので，この回路のトータルの抵抗（インピーダンス）Z は，公式 (8.2) によって

$$Z = R + \frac{1}{i\omega C} + i\omega L$$

となります．ここで複素電圧 $E_c(t)$ としては (8.6) を考えていて，R は抵抗の値，C はコンデンサーのキャパシタンス，L はコイルのインダクタンスです．この回路を流れる複素電流を $I_c(t)$ とすると，オームの法則と全く同じ

$$E_c(t) = Z I_c(t)$$

が成り立ちます．よって

$$I_c(t) = \frac{E_c(t)}{Z} = \frac{E_0}{Z} e^{i\omega t}$$

となります．電流の大きさはその絶対値 $|I_c(t)|$ で与えられます．$|e^{i\omega t}| = 1$ に注意すると，

$$|I_c(t)| = \frac{E_0}{|Z|}$$

が得られます．そこで複素数 Z の絶対値を調べましょう．

　複素数 Z を実部・虚部がわかるように

$$Z = R + i\left(\omega L - \frac{1}{\omega C}\right)$$

159

と書いておきます．すなわち実部が R,虚部が $\omega L - 1/\omega C$ ですね．よって Z を複素平面上にプロットすると，次図のようになります．

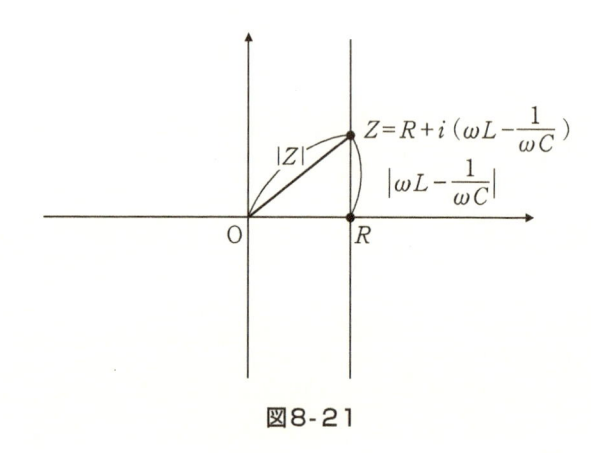

図8-21

電流の大きさ $|I_c(t)|$ を最大にするには $|Z|$ を最小にすればよくて，そのためには図8-21によれば $\left|\omega L - \dfrac{1}{\omega C}\right|$ を最小にすればよいことがわかります．これがどのような ω の値の時に最小になるか，ということを考えますが，

$$\omega L - \frac{1}{\omega C} = \frac{\omega^2 LC - 1}{\omega C}$$

ですから，$\omega^2 LC = 1$ のとき，つまり

$$\omega = \frac{1}{\sqrt{LC}}$$

のときに最小値 0 となることがわかります．つまりインピー

ダンスの値は交流電圧の ω の値によって変化し，$\omega=1/\sqrt{LC}$ のときに最小となるわけです．ω は交流電圧の周期を決める定数でしたので，周期の逆数である周波数を決める定数と思うこともできます．つまりインピーダンスは，交流電圧の周波数によって変化するのです．

さてこのことを利用して，テレビ放送などの電波を選択することができます．複素電圧・複素電流に関しても重ね合わせの原理が成り立ちます．たとえば

$$E_c^j(t) = E_0^j e^{i\omega_j t} \quad (j=1, 2, \cdots, m)$$

という複数個の複素電圧があって，それらを足し合わせた複素電圧

$$E_c(t) = E_c^1(t) + E_c^2(t) + \cdots + E_c^m(t)$$

が回路にかかっているとしましょう．各 j についてのインピーダンス Z_j は

$$Z_j = R + i\left(\omega_j L - \frac{1}{\omega_j C}\right)$$

により与えられますので，複素電圧 $E_c^j(t)$ だけがあったとしたときに流れる複素電流 $I_c^j(t)$ は

$$E_c^j(t) = Z_j I_c^j(t)$$

と決まります．このとき $E_c(t)$ によって流れる複素電流 $I_c(t)$ は，これらの重ね合わせとして

$$I_c(t) = I_c^1(t) + I_c^2(t) + \cdots + I_c^m(t)$$

となります．各複素電流 $I_c^j(t)$ の振幅（大きさ）$|I_c^j(t)|$ は

$$|I_c^j(t)| = \frac{E_0^j}{|Z_j|}$$

となるので，この値が大きいもの，言い換えると $|Z_j|$ の値が小さい j に対する複素電流 $I_c^j(t)$ が，$I_c(t)$ 全体の中で大きな割合を占めます（E_0^j の値は j によってあまり変わらないとしておきます）．$|Z_j|$ の値は ω_j によって決まるので，$1/\sqrt{LC}$ に近い値を持つ ω_j に対する複素電流 $I_c^j(t)$ が大きく流れ，そのほかの複素電流は小さな割合しか占めない，ということになりますね．こうしていくつもある周波数（複素電圧）の中から，1つを選び出すことができるのです．

コンデンサーやコイルのキャパシタンス・インダクタンスを変えることができれば，選ばれる周波数を変えることができます．キャパシタンスを変えられるコンデンサーをバリコンといい，インダクタンスを変えられるコイルを可変コイルといいます．テレビでは，コンデンサーとコイルの組み合わせをあらかじめ何通りか用意しておいて，それぞれが特定の周波数を選ぶようにしています．この組み合わせをチャンネルといって，チャンネルを選ぶというのはコンデンサーとコイルの組み合わせ（キャパシタンスとインダクタンスの組み合わせ）を選ぶことで周波数を選ぶ，つまりテレビ局を選ぶ，ということになります．ラジオでは，バリコンや可変コイルを用いて，選ぶ周波数を連続的に変える方式がまだ多いかと思います．ラジオの選局のツマミを回すと，キャパシタンス

かインダクタンスの値が連続的に変化して，それに伴って強く聞こえる局と弱く聞こえる局が徐々に入れ替わっていくのです．

$\diamond$　　$\diamond$　　$\diamond$

　小学生の頃の自分は，交流がわかっていなかったのだと思います．そのとき複素電圧やオイラーの公式を知っていれば，もしかするとわかったのかな？
　ところで肝心のラジオの方は，ハンダ付けの時にトランジスターを熱しすぎてだめにしてしまったせいか，たいてい音を出してはくれませんでした．

9 電磁波

　携帯電話で離れたところにいる人と会話やメールができるのは，声や文字が電波に変換されて飛んでいくからです．電波は光と同じスピードで進むため，ほとんどタイムラグを感じることなく，目の前の人と話すのと同じ調子で会話ができます．携帯電話だけでなく，テレビ・ラジオも，無線 Wi-Fi も，データを電波にして送ることで伝えています．

　電波は電磁波と呼ばれるものの1種です．電波のほか，光，赤外線・紫外線，電子レンジで使われるマイクロ波，レントゲンを撮るときのX線などもすべて電磁波です．最後の章では，この電磁波を調べることにしましょう．

　何しろ光や電波が電磁波ですから，電磁波は実に身近な存在です．しかしその理論を勉強しようと思うと電場と磁場というものが現れ，これがなかなかイメージしにくいため，電磁波は難しいと思われがちです．逆に考えれば，電場と磁場をイメージできれば電磁波の理論に近づけるわけです．そこでまず電場と磁場のイメージをつかみ，その上で電場と磁場に対するマクスウェルの方程式というものをオイラーの公式の助けを借りて解き，最終的に電磁波をつかまえる，という戦略でいきましょう．

■磁場と電場

　磁場から始めましょう．棒磁石の近くに小さな鉄の玉を置くと，磁石に吸い寄せられていきます．これは棒磁石のまわりの空間に，そこに鉄などの磁性体を置くと，その磁性体に力が働くという「状態」が作られるからです．この「状態」ということばが曖昧なので，そこをはっきりさせると磁場という概念が得られます．

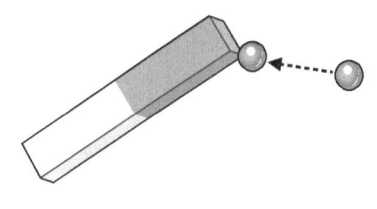

図9-1

　力は，その力の働く向きと力の大きさを持っています．したがって力は，向きと大きさを同時に表すことのできる「ベクトル」によって表されます．

　さて磁石がそのまわりの空間に作り出す状態は，何も物を

磁石が引きつける力を表すベクトル

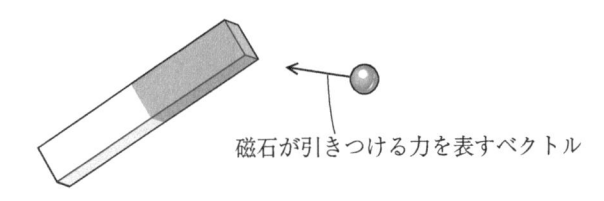

図9-2

持ってこなければ何も起こりませんが、磁性体を持ってきたときにそれに力を及ぼす、という状態でした。つまり空間の各点に、磁性体を持ってこられたら力を発揮する、という潜在能力が与えられていることになります。その潜在能力は、ものとしては磁性体に及ぼす力ですから、ベクトルを用いて表されます。すなわち、磁石によって空間の各点にベクトルが定まるのです。空間の点 (x,y,z) における潜在能力を表すベクトルを、$\boldsymbol{H}(x,y,z)$ という記号で表しましょう。$\boldsymbol{H}(x,y,z)$ は空間ベクトルなので、x,y,z それぞれの方向の成分を持ちます。それぞれの成分を H_x, H_y, H_z と書くと、

$$\boldsymbol{H}(x,y,z) = (H_x(x,y,z), H_y(x,y,z), H_z(x,y,z))$$

ということになります。

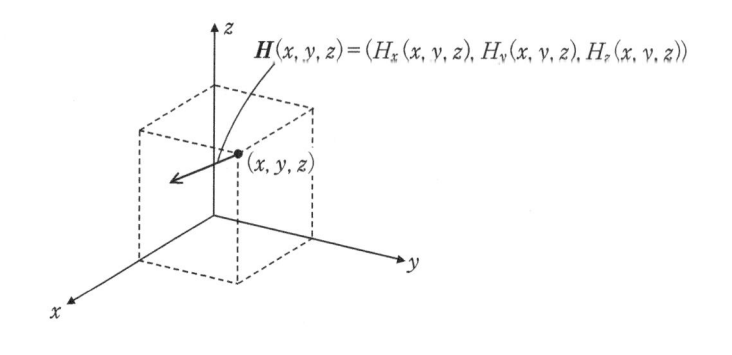

図9-3

このように、各点にベクトルが定まっている空間を「場」と呼び、それが磁性体に対する力を表すベクトルである場合

9 電磁波

に，**磁場**と呼びます．磁場の実体は各点ごとに決まったベクトルですから，考えている空間を X とすると

$$\{\boldsymbol{H}(x,y,z) \,|\, (x,y,z) \in X\}$$

という集合，つまりベクトルをすべて集めたものが磁場です．このことを了解した上で，磁場 $\boldsymbol{H}(x,y,z)$ という言い方もされます．

磁場が何者かがわかれば，電場もわかります．電場も「場」ですから，空間の各点にベクトルが定められている状態です．電場となっている空間内の 1 点に電荷を帯びた物体を置くと，その場所にあるベクトルが表す力を受ける，ということになります．

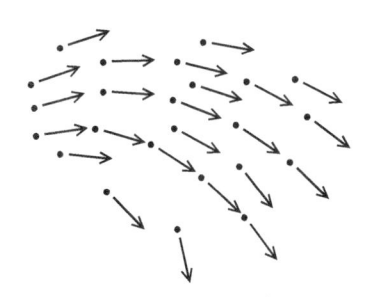

空間の各点にベクトルが与えられている

図 9-4

空間の点 (x,y,z) にあるベクトルを $\boldsymbol{E}(x,y,z)$ という記号で表します．これも x,y,z それぞれの方向の成分を E_x, E_y, E_z と書くと，

167

$$\boldsymbol{E}(x,y,z) = (E_x(x,y,z), E_y(x,y,z), E_z(x,y,z))$$

と表されます．空間 X の各点におけるベクトルを集めた集合

$$\{\boldsymbol{E}(x,y,z) \mid (x,y,z) \in X\}$$

を**電場**というわけです．この場合も，電場 $\boldsymbol{E}(x,y,z)$ という言い方がされます．

電荷に力が働く，というのはどんな場合か想像しにくいかもしれませんが，その元になるのはクーロンの法則です．クーロンの法則は，空間内に置かれた2つの電荷は，プラスマイナスが違うときは互いに引き合い，プラスマイナスが同じときには互いに反発しあう，ということを述べています．さらにその引力あるいは斥力の強さは，それぞれの電荷が大きければ強く，2つの電荷の間の距離が離れていれば弱くなります．

距離が離れると弱くなり，電荷が大きくなると強くなる．

図9-5

そこでたとえば，棒磁石を置くことで磁場が発生したように，空間内に何か電荷を帯びた物体Aを固定すると，そのまわりには電場が発生します．すなわちその空間に電荷を帯びた別の物体Bを持ってくると，その電荷のプラスマイナスが

物体 A のプラスマイナスと違うか同じかによって，物体 A との間に引力か斥力が働きます．その力を表すベクトルが空間の各点に定まった状態ができるのです．クーロンの法則により，ベクトルの長さは物体 A から離れたところほど短くなりますね．このようにしてできる電場を，静電場といいます．

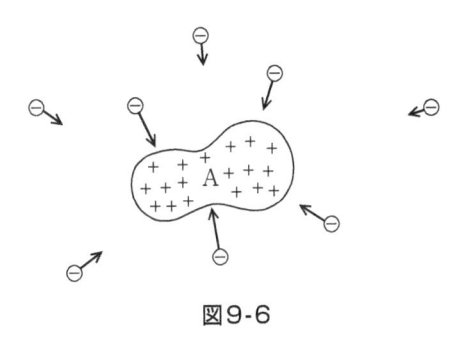

図9-6

さて今までは，空間の点ごとにベクトルが決まっている，という状態が「場」であると説明してきましたが，電磁波を考えるときには，さらにそのベクトルが時間とともに変化する場合を考える必要があります．つまり空間の点 (x, y, z) に定められているベクトルは，点の位置 (x, y, z) だけでなく，時刻 t にも依存して決まるのです．そのような電場および磁場は，それぞれ $\boldsymbol{E}(x, y, z, t)$，$\boldsymbol{H}(x, y, z, t)$ と表されます．ベクトルの成分まで書けば，

$$\boldsymbol{E}(x, y, z, t) = (E_x(x, y, z, t), E_y(x, y, z, t), E_z(x, y, z, t)),$$
$$\boldsymbol{H}(x, y, z, t) = (H_x(x, y, z, t), H_y(x, y, z, t), H_z(x, y, z, t))$$

となります．

もう一度確認しておきましょう．電場・磁場というのは，空間の各点にベクトルが定まっている，という状態のことで，それぞれのベクトルは時間とともに変化する場合もあります．そのベクトルは，その時刻にその点に電荷を帯びた物体や磁性体を持ってきたときに，その持ってきた物が受ける力を表しているのです．

■マクスウェル方程式

空間の中に電荷があると，そのまわりにはクーロンの法則によって電場が発生します．その電荷が動くと，それはすなわち電流が流れたことになり，ファラデーの法則によってそのまわりには磁力線が発生します．磁力線とは，そこに磁性体を置いたときにその磁性体が受ける力を表すものなので，実質的に磁場と同じものです．電荷が動くと，そのまわりの電場も変化するので，これを電場・磁場の視点から見れば，電場の変化と磁場の変化が連動している，ということになります．

その連動の様子を記述するのがマクスウェル方程式です．ここでマクスウェル方程式について本格的に論じることはしませんが，とりあえずその形を見ておきましょう．

$$(9.1) \quad \begin{aligned} &\mathrm{div}\boldsymbol{D} = \rho, \\ &\mathrm{div}\boldsymbol{B} = 0, \\ &\mathrm{rot}\boldsymbol{E} = -\frac{\partial \boldsymbol{B}}{\partial t}, \\ &\mathrm{rot}\boldsymbol{H} = \boldsymbol{i} + \frac{\partial \boldsymbol{D}}{\partial t} \end{aligned}$$

ここで $\boldsymbol{E}$ と $\boldsymbol{H}$ は,それぞれ電場・磁場(を表すベクトル)でした.新しく出てきた $\boldsymbol{D}$ と $\boldsymbol{B}$ は,それぞれ電場・磁場から

$$\boldsymbol{D} = \epsilon \boldsymbol{E},\ \boldsymbol{B} = \mu \boldsymbol{H}$$

という式で定義されるベクトルです.ここで ρ, ϵ, μ はそれぞれ,電荷密度,誘電率,透磁率と呼ばれる関数,$\boldsymbol{i}$ は電流密度と呼ばれるベクトルです.(9.1) の左辺に現れる div, rot というのは,それぞれ divergence, rotation と呼ばれる微分作用素です.

急にいろいろな用語・記号が出てきて,どうも面食らってしまいますが,別に気にしないことにしましょう.ともかくこれは電場 $\boldsymbol{E}$ と磁場 $\boldsymbol{H}$ に対する方程式で,これを解けば $\boldsymbol{E}$ と $\boldsymbol{H}$ が決まる,というものだと認識すれば十分です.このあと特別な場合に解いてみますので,そこで少し様子がわかると思います.

それでもわからないなりに眺めてみると,少し内容が見えてきます.まず (9.1) の 3 番目と 4 番目の方程式を見てみます.右辺に現れる $\boldsymbol{B}, \boldsymbol{D}$ はそれぞれ $\boldsymbol{H}, \boldsymbol{E}$ から決まるベクトルだったので,この 2 つの方程式は,電場 $\boldsymbol{E}$ と磁場 $\boldsymbol{H}$ がお互いに影響し合っている,ということを表していますね.一方 (9.1) の 1 番目,2 番目の方程式は,電場だけ,磁場だけの方程式なので,これは電場・磁場の,空間におけるそれぞれのあり方を規定している方程式と思うことができます.

ここでもう 1 つの目新しい記号 ∂ について説明しておきましょう.電場 $\boldsymbol{E}$ やそれから決まる $\boldsymbol{D}$ はいずれもベクトルで,その成分 E_x などは (x, y, z, t) という 4 つの変数に依存する

171

4 変数関数 $E_x(x,y,z,t)$ です．このような関数は変数が複数個あるので，微分の定義がはっきりしなくなります．微分は，変数が変化するときの関数の値の変化を表すものでした．変数が 2 個以上あると，「変数の変化」ということの意味がはっきりしなくなります．しかし複数ある変数の 1 つだけを選んで，ほかの変数は動かさずに選んだ変数だけを変化させることを考えると，その変数の値の変化に対する関数の値の変化，ということで微分を考えることができます．こうして得られる微分を**偏微分**といいます．記号 ∂ は偏微分を表すときに用いられます．たとえば (x,y,z,t) の 4 つを変数とする 4 変数関数 $f(x,y,z,t)$ について述べれば，x だけを動かしたときその変化に対する f の変化を表す偏微分は

$$\lim_{h \to 0} \frac{f(x+h,y,z,t) - f(x,y,z,t)}{h}$$

によって与えられ，この値を $\dfrac{\partial f}{\partial x}(x,y,z,t)$ と書き表します．偏微分することにより，やはり (x,y,z,t) を変数とする関数が得られました．同様にして，y, z, t に関する偏微分も

$$\frac{\partial f}{\partial y}(x,y,z,t) = \lim_{h \to 0} \frac{f(x,y+h,z,t) - f(x,y,z,t)}{h},$$
$$\frac{\partial f}{\partial z}(x,y,z,t) = \lim_{h \to 0} \frac{f(x,y,z+h,t) - f(x,y,z,t)}{h},$$
$$\frac{\partial f}{\partial t}(x,y,z,t) = \lim_{h \to 0} \frac{f(x,y,z,t+h) - f(x,y,z,t)}{h}$$

として定義されます．マクスウェル方程式 (9.1) の第 3，4 式の右辺に，t に関する偏微分が現れます．これは $\boldsymbol{B}, \boldsymbol{D}$ とい

うベクトルのそれぞれの成分を t に関して偏微分して得られるベクトルを表しています．実は (9.1) の左辺に現れる div, rot という微分作用素は，x, y, z に関する偏微分を用いて表される，ということを注意しておきましょう．

とりあえず以上で，マクスウェル方程式の姿はわかったかと思います．

■真空中の電磁波

ではいよいよ，簡単な場合にマクスウェル方程式を解いて，電磁波をつかまえましょう．考えるのは，真空中の場合です．真空とは空間に何もない状態です．電磁波は波という文字がついているので，何か（水や空気といった）媒質の振動が伝わっていくものというように思われますが，すると媒質が何もない真空中は伝わりようがないじゃないか，ということになります．

ここが電磁波をイメージしにくい1つの関門です．電磁波は，電場と磁場が時間とともに変化し，その変化が空間の各点を伝わっていくということで波という名前がつけられています．しかし電場・磁場というのは，はじめに見たように空間の持っている潜在能力です．そこに何かが来たらそれに力が働く，という潜在能力が電場・磁場なので，具体的に空気や水といった媒質が振動するわけではないのです．したがって何も媒質のない真空中でも，電磁波は伝わります．

さて真空には何もないので，電荷密度と電流密度は0になります．すなわち

(9.2) $$\rho = 0, \quad i = 0$$

です. また誘電率 ϵ と透磁率 μ は定数となるので, 定数らしい記号で

$$\epsilon = \epsilon_0, \ \mu = \mu_0$$

とおきましょう. ϵ と μ が定数になったことにより,

$$\mathrm{div}\boldsymbol{D} = \mathrm{div}(\epsilon_0 \boldsymbol{E}) = \epsilon_0 \mathrm{div}\boldsymbol{E},$$
$$\mathrm{div}\boldsymbol{B} = \mathrm{div}(\mu_0 \boldsymbol{H}) = \mu_0 \mathrm{div}\boldsymbol{H},$$
$$\frac{\partial \boldsymbol{B}}{\partial t} = \frac{\partial (\mu_0 \boldsymbol{H})}{\partial t} = \mu_0 \frac{\partial \boldsymbol{H}}{\partial t},$$
$$\frac{\partial \boldsymbol{D}}{\partial t} = \frac{\partial (\epsilon_0 \boldsymbol{E})}{\partial t} = \epsilon_0 \frac{\partial \boldsymbol{E}}{\partial t}$$

とすることができます. その結果, マクスウェル方程式 (9.1) を $\boldsymbol{E}$ と $\boldsymbol{H}$ だけを使って書くことができます. すなわち (9.2) も考慮に入れると,

$$(9.3) \quad \begin{aligned} &\mathrm{div}\boldsymbol{E} = 0, \\ &\mathrm{div}\boldsymbol{H} = 0, \\ &\mathrm{rot}\boldsymbol{E} = -\mu_0 \frac{\partial \boldsymbol{H}}{\partial t}, \\ &\mathrm{rot}\boldsymbol{H} = \epsilon_0 \frac{\partial \boldsymbol{E}}{\partial t} \end{aligned}$$

が得られます. これを真空におけるマクスウェル方程式と呼びましょう.

この真空におけるマクスウェル方程式 (9.3) を解いていきましょう. 詳しい議論には立ち入らずに, 解法の流れを大づかみに説明します.

方程式 (9.3) は, 6 つの未知関数 $E_x, E_y, E_z, H_x, H_y, H_z$ が混ざり合った式になっていて, なかなか複雑です. しかしこれらをうまく組み合わせることで, 未知関数が 1 つだけの方程式を導くことができます. 結果を書くと, 6 つの未知関数はいずれも

$$(9.4) \qquad \frac{\partial^2 F}{\partial x^2} + \frac{\partial^2 F}{\partial y^2} + \frac{\partial^2 F}{\partial z^2} = \epsilon_0 \mu_0 \frac{\partial^2 F}{\partial t^2}$$

という方程式をみたすことになります. F が未知関数を表し, F のところを $E_x, E_y, \cdots$ などに置き換えた方程式が成り立つという意味です. またたとえば $\frac{\partial^2 F}{\partial x^2}$ という記号は, 関数 F を x に関して 2 回続けて偏微分したものを表しています. (9.4) には, 3 次元**波動方程式**という名前がついています.

6 つの未知関数を代表して, E_x を求めてみましょう. E_x は (x, y, z, t) の 4 変数の関数ですが, 次のように 4 つの 1 変数関数の積の形をしていると仮定します.

$$(9.5) \qquad E_x(x, y, z, t) = X(x) Y(y) Z(z) T(t).$$

(この形を変数分離形といいます.) これを (9.4) の F のところに代入します. 偏微分というのは, 1 つの変数だけに注目して, 他の変数は定数と思って微分するという操作でしたので, たとえば $\frac{\partial^2 E_x}{\partial x^2}$ であれば (y, z, t) は定数と思って x だけを変数として 2 回微分するので,

$$X'' Y Z T$$

が得られます. こうして方程式 (9.4) は

$$X''YZT + XY''ZT + XYZ''T = \epsilon_0\mu_0 XYZT''$$

となります．両辺を $XYZT$ で割ると，

(9.6) $$\frac{X''}{X} + \frac{Y''}{Y} + \frac{Z''}{Z} = \epsilon_0\mu_0 \frac{T''}{T}$$

となりますね．

ここで重要な考察をします．(9.6) の右辺は変数 t だけの関数ですが，左辺には t は現れません．ということは右辺も t によらないことになって，右辺は定数になることがわかります．同様に考えると，$X''/X, Y''/Y, Z''/Z$ はいずれも定数となります．それらの定数が負の数の場合を考えます．つまり何か実数 a, b, c, ω があって，

$$\frac{X''}{X} = -a^2, \ \frac{Y''}{Y} = -b^2, \ \frac{Z''}{Z} = -c^2, \ \frac{T''}{T} = -\omega^2$$

となっているとします．ただし (9.6) が成り立つために，これらの定数の間の条件

(9.7) $$a^2 + b^2 + c^2 = \epsilon_0\mu_0\omega^2$$

が必要です．

このうちたとえば X のみたす方程式は，

$$X'' + a^2 X = 0$$

と書き換えられ，これは第7章で扱った微分方程式です．そこで説明した解き方を実践すると，

$$X(x) = e^{iax}, \ e^{-iax}$$

という2つの解が得られます．そしてオイラーの公式を使うと，この2つの解から $\sin ax, \cos ax$ という2つの実数値解も得られるのでしたが，ここでは少しこらえて指数関数の形のままにしておきます．ここが1つの重要なポイントです．

Y, Z, T についても同様に，

$$Y(y) = e^{\pm iby},\ Z(z) = e^{\pm icz},\ T(t) = e^{\pm i\omega t}$$

という解が得られます．これらを掛け合わせると，(9.4) の解 E_x が求まりますね．± を適当に選んで積を作ると，

$$e^{iax}e^{iby}e^{icz}e^{-i\omega t} = e^{i(ax+by+cz-\omega t)}$$

という解が得られます．また解を定数倍しても解になるので，E_x^0 を定数として，

(9.8) $\qquad E_x(x,y,z,t) = E_x^0 e^{i(ax+by+cz-\omega t)}$

という解が得られます．同様に，

(9.9) $\qquad E_x(x,y,z,t) = E_x^0 e^{-i(ax+by+cz-\omega t)}$

も解になることに注意しておきます（あとで使う）．

残りの5つ E_y, E_z, H_x, H_y, H_z も同様にして求めることができます．若干の考察は必要ですが，結果として

$$E_x(x,y,z,t) = E_x^0 e^{i\varphi},$$
$$E_y(x,y,z,t) = E_y^0 e^{i\varphi},$$
$$E_z(x,y,z,t) = E_z^0 e^{i\varphi},$$

$$H_x(x,y,z,t) = H_x^0 e^{i\varphi},$$
$$H_y(x,y,z,t) = H_y^0 e^{i\varphi},$$
$$H_z(x,y,z,t) = H_z^0 e^{i\varphi}$$

が得られます．ここで $E_x^0, E_y^0, \cdots, H_z^0$ は定数で，また

$$\varphi = ax + by + cz - \omega t$$

とおきました．したがって2つの定数ベクトル

$$\boldsymbol{E}_0 = (E_x^0, E_y^0, E_z^0), \ \ \boldsymbol{H}_0 = (H_x^0, H_y^0, H_z^0)$$

を用意すると，電場 $\boldsymbol{E}$ と磁場 $\boldsymbol{H}$ は

$$\boldsymbol{E} = \boldsymbol{E}_0 e^{i\varphi}, \ \ \boldsymbol{H} = \boldsymbol{H}_0 e^{i\varphi}$$

と表されます．

これらを，もとのマクスウェル方程式 (9.3) に代入しましょう．そうするといくつか条件が得られます．まず $\boldsymbol{H} = (H_x^0, H_y^0, H_z^0)$ は次のように $\boldsymbol{E} = (E_x^0, E_y^0, E_z^0)$ から決まってしまうことがわかります．

$$H_x^0 = \frac{1}{\mu_0 \omega}(bE_z^0 - cE_y^0),$$
$$H_y^0 = \frac{1}{\mu_0 \omega}(cE_x^0 - aE_z^0),$$
$$H_z^0 = \frac{1}{\mu_0 \omega}(aE_y^0 - bE_x^0).$$

この表示を用いて $\boldsymbol{E}_0$ と $\boldsymbol{H}_0$ の内積を求めると，0になることがわかります．

$$\boldsymbol{E}_0 \cdot \boldsymbol{H}_0 = 0.$$

つまり 2 つのベクトル $\boldsymbol{E}_0$ と $\boldsymbol{H}_0$ は直交するのです．また同様にして，ベクトル (a,b,c) と $\boldsymbol{E}_0, \boldsymbol{H}_0$ が直交するという条件も得られます．すなわち，ベクトル (a,b,c) を

$$\boldsymbol{k} = (a,b,c)$$

と表すことにすると，

$$\boldsymbol{k} \cdot \boldsymbol{E}_0 = 0, \ \ \boldsymbol{k} \cdot \boldsymbol{H}_0 = 0$$

が成り立ちます．3 つのベクトル $\boldsymbol{k}, \boldsymbol{E}_0, \boldsymbol{H}_0$ がお互いに直交しているので，これらは xyz-空間の新しい座標軸を定めることがわかります．このことを覚えておきましょう．

これで電場 $\boldsymbol{E}$ と磁場 $\boldsymbol{H}$ が求まりましたから，これらがどんな振る舞いをして電磁波という波になるのかを見ていきます．まず本書のテーマであるオイラーの公式に活躍してもらいましょう．今行ってきた $\boldsymbol{E}, \boldsymbol{H}$ の導出の過程をたどると，

$$\boldsymbol{E} = \boldsymbol{E}_0 e^{-i\varphi}, \ \ \boldsymbol{H} = \boldsymbol{H}_0 e^{-i\varphi}$$

も真空におけるマクスウェル方程式の解になることがわかります．第 7 章で重ね合わせの原理というのを説明しましたが，今の場合にも重ね合わせの原理が使えます．したがって，オイラーの公式により

179

$$\boldsymbol{E} = \frac{1}{2}\boldsymbol{E}_0 e^{i\varphi} + \frac{1}{2}\boldsymbol{E}_0 e^{-i\varphi} = \boldsymbol{E}_0 \cos\varphi,$$

$$\boldsymbol{H} = \frac{1}{2}\boldsymbol{H}_0 e^{i\varphi} + \frac{1}{2}\boldsymbol{H}_0 e^{-i\varphi} = \boldsymbol{H}_0 \cos\varphi$$

という実数値をとる電場，磁場の組 $(\boldsymbol{E}, \boldsymbol{H})$ が得られました．この $(\boldsymbol{E}, \boldsymbol{H})$ の振る舞いを調べましょう．

4つも変数があってややこしいので，いくつかに分けて見ていきます．まず (x, y, z) を固定して t だけを動かしてみます．これは (x, y, z) を座標とする空間内の点 P において，$\boldsymbol{E}$ や $\boldsymbol{H}$ が時刻とともにどう変化するかを見るということです．

$\boldsymbol{E}$ と $\boldsymbol{H}$ は，それぞれ $\boldsymbol{E}_0, \boldsymbol{H}_0$ というベクトル（互いに直交しています）に $\cos\varphi$ という -1 から 1 までの間を動く数をかけたものですから，$\boldsymbol{E}$ は $-\boldsymbol{E}_0$ から $\boldsymbol{E}_0$ まで，$\boldsymbol{H}$ は $-\boldsymbol{H}_0$ から $\boldsymbol{H}_0$ までの間を伸びたり縮んだりして動きます．$\boldsymbol{E}_0$ と $\boldsymbol{H}_0$ が直交していることに注意して，絵を描いてみましょう

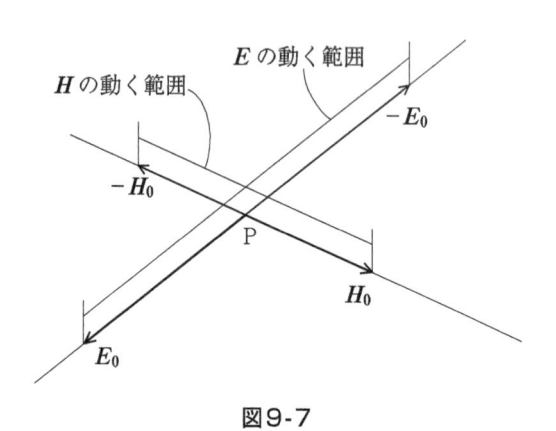

図9-7

同じ $\cos\varphi$ がかかっているので，$\boldsymbol{E}$ の動き（伸び縮み）と $\boldsymbol{H}$ の動き（伸び縮み）は連動しています．時間による変化を見るため，時間軸（t 軸）を横軸にとって描いてみると，次の図のようになりますね．

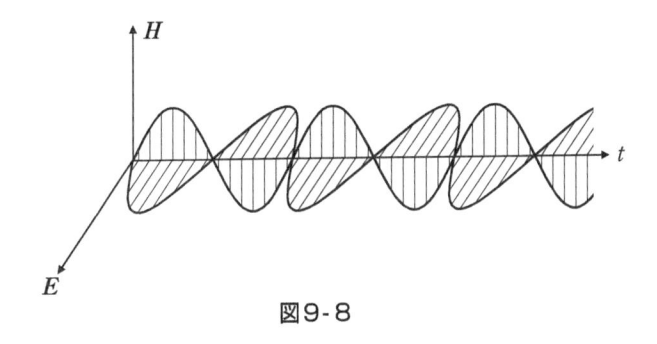

図9-8

以上は，空間内の 1 点 $\mathrm{P}(x,y,z)$ を選んで，その点における $\boldsymbol{E}$ と $\boldsymbol{H}$ の動きを見たのでした．今度は違う点ではどうなるのかということを見てみます．

電場 $\boldsymbol{E}$，磁場 $\boldsymbol{H}$ の動きを支配しているのは $\cos\varphi$ で，

$$\cos\varphi = \cos(ax+by+cz-\omega t)$$

でしたから，場所が変わると $ax+by+cz$ の値が変わって，そのことが $\boldsymbol{E}$ と $\boldsymbol{H}$ の場所による変化を与えます．その変化が一番はっきりと現れるのは，ベクトル $\boldsymbol{k}=(a,b,c)$ の方向です．$\boldsymbol{k}$ の向きの長さ 1 のベクトルを $\boldsymbol{k}_0$ とします．すなわち

$$\boldsymbol{k}_0 = \frac{\boldsymbol{k}}{|\boldsymbol{k}|} = \frac{1}{\sqrt{a^2+b^2+c^2}}(a,b,c)$$

です．点 (x,y,z) から $\boldsymbol{k}$ 方向に距離 u だけ離れた点を $\mathrm{P}'(x'$,

y', z') とすると,

$$(x', y', z') = (x, y, z) + u\bm{k}_0$$

となります. さて

$$ax + by + cz = \bm{k} \cdot (x, y, z) = q$$

とおくと,

$$\begin{aligned}ax' + by' + cz' &= \bm{k} \cdot (x', y', z') \\ &= \bm{k} \cdot (x, y, z) + u\bm{k} \cdot \bm{k}_0 \\ &= q + \sqrt{a^2 + b^2 + c^2}\, u\end{aligned}$$

となりますから, P′ における $\bm{E}$ や $\bm{H}$ を与える $\cos\varphi$ は,

$$\begin{aligned}\cos\varphi &= \cos(ax' + by' + cz' - \omega t) \\ &= \cos\left(\sqrt{a^2 + b^2 + c^2}\, u - \omega t + q\right)\end{aligned}$$

と表されます.

点 P′ においても, $\bm{E}$ は $\bm{E}_0$ の方向に伸びたり縮んだりという動きを繰り返します. ベクトル $\bm{E}$ の終点の位置が, P′ の位置と時刻 t によってどう変化するかを調べましょう. $\bm{E}_0$ 方向の座標を v とすると, $\bm{E}$ の終点の v 座標は

(9.10)
$$\begin{aligned}v &= |\bm{E}_0|\cos\varphi \\ &= |\bm{E}_0|\cos\left(\sqrt{a^2 + b^2 + c^2}\, u - \omega t + q\right)\end{aligned}$$

となります. t を止めて, v を u の関数としてグラフにしてみると, 次のようになります.

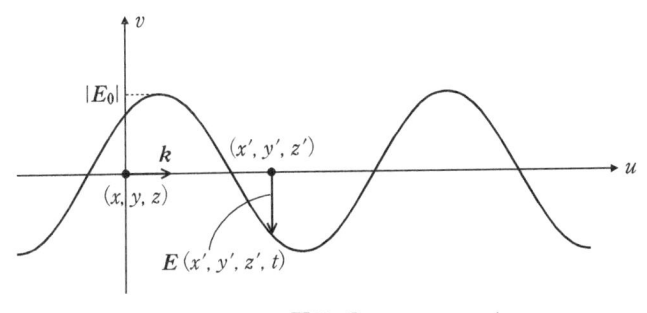

図9-9

ここで関数 $f(u)$ を

(9.11) $$f(u) = |\boldsymbol{E}_0| \cos\left(\sqrt{a^2+b^2+c^2}\, u + q\right)$$

とおきましょう. すると (9.10) の v は

$$\begin{aligned}v &= |\boldsymbol{E}_0| \cos\left(\sqrt{a^2+b^2+c^2}\left(u - \frac{\omega}{\sqrt{a^2+b^2+c^2}}\, t\right) + q\right) \\ &= f(u - \gamma t)\end{aligned}$$

と表されます. ただしここで

(9.12) $$\gamma = \frac{\omega}{\sqrt{a^2+b^2+c^2}}$$

とおきました. いま $f(u)$ は (9.11) という関数ですが, それにこだわらず一般に関数 $f(u)$ が与えられたとき, グラフ

(9.13) $$v = f(u - \gamma t)$$

がどのような動きをするかを考えます.

たとえば $f(u)$ が次のようなグラフを持つ関数だったとしましょう．

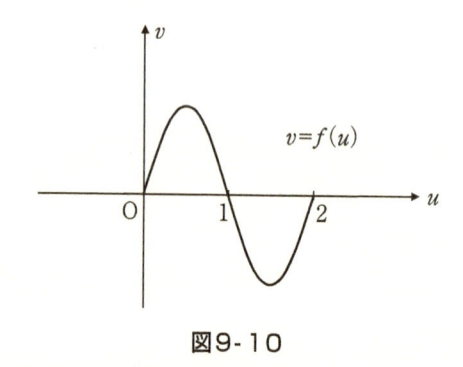

図9-10

まず $\gamma=1$ としてみます．$t=1, t=2, t=3$ のときのグラフ (9.13) を描いてみると，次ページ図 9-11 のようになりますね．これを見ると，時刻が1進むごとに，グラフが右に1移動していっています．次に $\gamma=2$ として同じことをしてみましょう．

9 電磁波

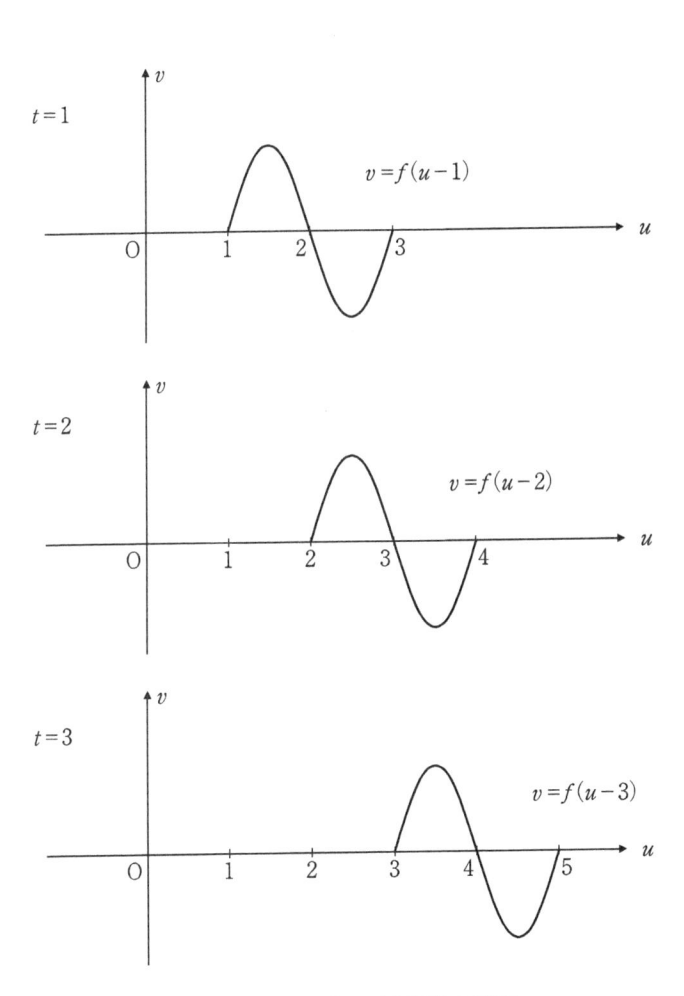

$t=1$ のとき、グラフは $v=f(u-1)$、u 軸の 1 から 3 の範囲に波形。

$t=2$ のとき、グラフは $v=f(u-2)$、u 軸の 2 から 4 の範囲に波形。

$t=3$ のとき、グラフは $v=f(u-3)$、u 軸の 3 から 5 の範囲に波形。

図9-11 $v=f(u-t)$ の移動の様子

$t=0$ の図: $v=f(u)$

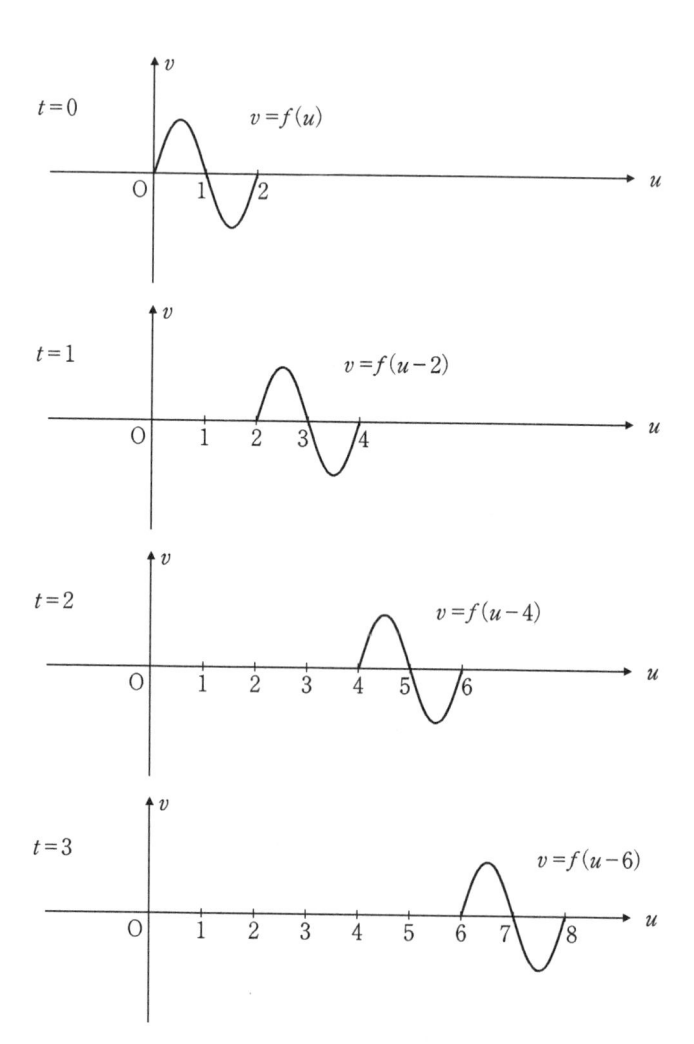

$t=1$ の図: $v=f(u-2)$

$t=2$ の図: $v=f(u-4)$

$t=3$ の図: $v=f(u-6)$

図9-12 $v=f(u-2t)$ の移動の様子

今度は時刻が1進むごとに，グラフは右に2移動します．

こういった考察から，関数 (9.10) は，$t=0$ のときのグラフ $v=f(u)$ が速度 γ で右に進む波を表すことがわかります．これが電場の波としての動き方です．

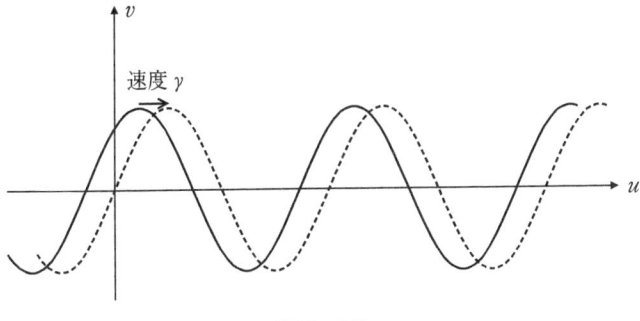

図9-13

磁場 H についても全く同様です．磁場の場合は，H_0 の向きが k, E_0 と直交していて，その大きさ $|H_0|$ が

$$|H_0| = \frac{1}{\mu_0 \omega_0} |k||E_0|$$

となりますが，電場 E と同じく速度 γ の波となります．H_0 方向の座標を w として，H の終点を uw-平面上のグラフにしてみると，図9-9と同様のグラフが得られます．

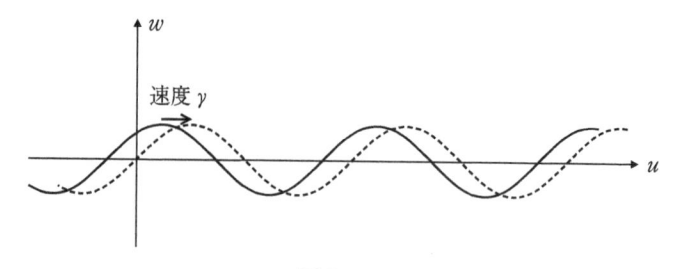

図9-14

これで電場 E と磁場 H の動き方・波としての伝わり方がわかりました．2つを合わせて図を描くと次のようになります．

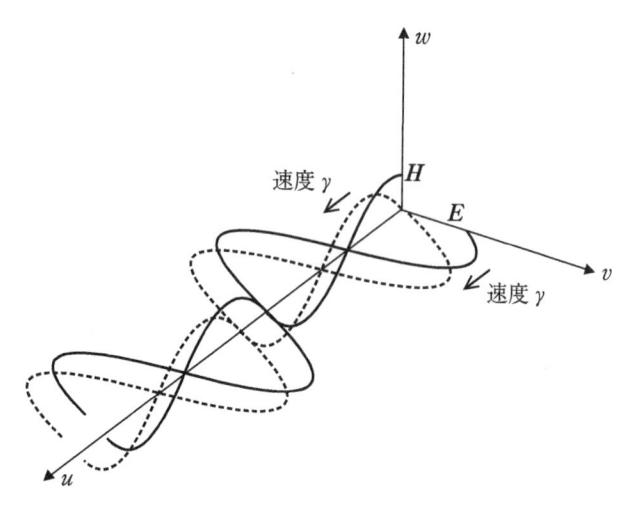

図9-15

■マクスウェルの大発見

真空中の電磁波は，電場と磁場がともに同じ速度 γ で空間を伝わる波ということがわかりました．この速度 γ は，(9.12) と (9.7) によって求めることができます．すなわち

$$\gamma = \frac{\omega}{\sqrt{a^2+b^2+c^2}} = \frac{1}{\sqrt{\epsilon_0 \mu_0}}$$

が得られます．ϵ_0, μ_0 はそれぞれ真空の誘電率と透磁率で，それぞれ値が定まっている定数です．したがって $\gamma = 1/\sqrt{\epsilon_0 \mu_0}$ も決まった値となり，計算で求めることができます．マクスウェルがこの値を計算したところ，

$$\gamma = 2.99792458 \times 10^8 \text{ m/s}$$

という値が得られました．驚くべきことに，この値は光速度とぴったり一致するのです．つまり真空中の電磁波は，光と同じ速度で伝わるのです．このことからマクスウェルは，光も電磁波の一種ではないかと考えました．これは光に対する認識を一変させた，マクスウェルの大発見です．

その後の研究により，光も電磁波の一種であることが検証され，マクスウェルの考えが正しかったことがわかりました．

■今までの議論を振り返ってみる

ここで，E と H の導出の過程を振り返ってみましょう．E や H を求めるとき，E_x などが変数分離形 (9.6) をしていることを仮定しました．そうしておいて方程式を解くときに，a, b, c, ω という定数を導入しました．電場 E や磁場 H は，この定数 a, b, c, ω に依存する形で本質的には決まってし

まいます．つまり変数分離形という特別な形を仮定した以外は，ほぼ一本道を歩いて電場 $\boldsymbol{E}$ と磁場 $\boldsymbol{H}$ が得られたと考えられます．それらは任意定数 a, b, c, ω には依存しているのですが，波としての速度は，a, b, c, ω の値にかかわらず，いつでも光速度となることが示されました．

変数分離形という特別な形を仮定しない一般の電磁波は，どんな波になるのでしょうか．一般の電磁波は，変数分離形で求めた $\boldsymbol{E}, \boldsymbol{H}$ を足し合わせることで得られます．足し合わせてもマクスウェル方程式 (9.3) の解になることは，重ね合わせの原理が成り立つので保証されます．また足し合わせる個数は一般に無限個でもよくて，足し算の極限である積分が用いられる場合もあります．ともあれすべて光速度で伝わる波を足し合わせることになるので，一般の電磁波の伝わる速度も光速度となります．こうして我々は，次の重要な事実を手に入れました．

事実 真空中の電磁波は，光速度 $2.99792458 \times 10^8 \mathrm{m/s}$ で伝わる波である．

$\boldsymbol{E}$ と $\boldsymbol{H}$ の導出の過程を，また別の視点から振り返ってみます．

E_x を変数分離法で求める計算を紹介しました．振り返ると，

$$(9.14) \qquad E_x(x, y, z, t) = X(x) Y(y) Z(z) T(t)$$

という形（変数分離形）を仮定して，E_x のみたすべき方程式 (9.4) に代入した結果，$X(x), Y(y), Z(z), T(t)$ それぞれの

9 電磁波

みたす微分方程式が得られました．それらは

$$X'' + a^2 X = 0,$$
$$Y'' + b^2 Y = 0,$$
$$Z'' + c^2 Z = 0,$$
$$T'' + \omega^2 T = 0$$

となります．これらは第 7 章で解き方を学んだ方程式で，解として

$$X(x) = e^{\pm iax}, \ Y(y) = e^{\pm iby}, \ Z(z) = e^{\pm icz}, \ T(t) = e^{\pm i\omega t}$$

が得られます．オイラーの公式を使うとこれらの関数は sin と cos で書けますが，この段階ではまだ使わずに，指数関数のままで E_x を表す式 (9.14) に代入すると

$$\begin{aligned} E_x(x,y,z,t) &= e^{\pm iax} e^{\pm iby} e^{\pm icz} e^{\pm i\omega t} \\ &= e^{\pm i(ax+by+cz-\omega t)} \end{aligned}$$

という表示が直ちに得られるのです（定数 E_x^0 は省略しました）．指数関数のままにしていたため，加法定理によって積が指数の和で表せ，簡潔な表示が得られたわけです．前にも書きましたが，ここがポイントです．

こうして E_x の簡潔な表示が求まったあと，オイラーの公式を使います．つまり

$$\frac{1}{2} e^{i(ax+by+cz-\omega t)} + \frac{1}{2} e^{-i(ax+by+cz-\omega t)} \\ = \cos(ax+by+cz-\omega t)$$

191

として，物理的に意味のある実数値解を導き出します．するとこの形から，電磁波の波としての挙動を読み取ることができたのでした．

このように見てみると，オイラーの公式は力を発揮するのですが，それを使うタイミングが大事ということがわかりますね．下手なタイミングで使うと途中の計算が複雑で見通しが悪くなるけれど，うまいタイミングで使うとすっきりとした議論ができるのです．

*** ノート ***

真空におけるマクスウェル方程式 (9.3) から，E_x, E_y などのみたす方程式 (9.4) を導き出す計算を紹介しましょう．

div と rot という微分作用素はベクトル値関数 $\boldsymbol{F} = (F_x, F_y, F_z)$ に対する作用素で，

$$\mathrm{div}\boldsymbol{F} = \frac{\partial F_x}{\partial x} + \frac{\partial F_y}{\partial y} + \frac{\partial F_z}{\partial z},$$

$$\mathrm{rot}\boldsymbol{F} = \left(\frac{\partial F_z}{\partial y} - \frac{\partial F_y}{\partial z}, \frac{\partial F_x}{\partial z} - \frac{\partial F_z}{\partial x}, \frac{\partial F_y}{\partial x} - \frac{\partial F_x}{\partial y} \right)$$

と定義されます．よって (9.3) を書き下すと，次の 8 本の式になります．

$$\frac{\partial E_x}{\partial x} + \frac{\partial E_y}{\partial y} + \frac{\partial E_z}{\partial z} = 0 \qquad \cdots \text{①}$$

$$\frac{\partial H_x}{\partial x} + \frac{\partial H_y}{\partial y} + \frac{\partial H_z}{\partial z} = 0 \qquad \cdots \text{②}$$

$$\frac{\partial E_z}{\partial y} - \frac{\partial E_y}{\partial z} = -\mu_0 \frac{\partial H_x}{\partial t} \qquad \cdots \text{③}$$

9 電磁波

$$\frac{\partial E_x}{\partial z} - \frac{\partial E_z}{\partial x} = -\mu_0 \frac{\partial H_y}{\partial t} \qquad \cdots \text{④}$$

$$\frac{\partial E_y}{\partial x} - \frac{\partial E_x}{\partial y} = -\mu_0 \frac{\partial H_z}{\partial t} \qquad \cdots \text{⑤}$$

$$\frac{\partial H_z}{\partial y} - \frac{\partial H_y}{\partial z} = \epsilon_0 \frac{\partial E_x}{\partial t} \qquad \cdots \text{⑥}$$

$$\frac{\partial H_x}{\partial z} - \frac{\partial H_z}{\partial x} = \epsilon_0 \frac{\partial E_y}{\partial t} \qquad \cdots \text{⑦}$$

$$\frac{\partial H_y}{\partial x} - \frac{\partial H_x}{\partial y} = \epsilon_0 \frac{\partial E_z}{\partial t} \qquad \cdots \text{⑧}$$

⑥の両辺を t に関して偏微分します.

$$\frac{\partial}{\partial t}\left(\frac{\partial H_z}{\partial y} - \frac{\partial H_y}{\partial z}\right) = \epsilon_0 \frac{\partial^2 E_x}{\partial t^2}$$

2つの変数に関して連続して偏微分するときには，どちらの変数に関して先に偏微分しても結果は変わらない，という性質を用いて，左辺を書き換えます.

$$\begin{aligned}
&\frac{\partial}{\partial t}\left(\frac{\partial H_z}{\partial y} - \frac{\partial H_y}{\partial z}\right) \\
&= \frac{\partial}{\partial y}\left(\frac{\partial H_z}{\partial t}\right) - \frac{\partial}{\partial z}\left(\frac{\partial H_y}{\partial t}\right) \\
&= \frac{\partial}{\partial y}\left(-\frac{1}{\mu_0}\left(\frac{\partial E_y}{\partial x} - \frac{\partial E_x}{\partial y}\right)\right) - \frac{\partial}{\partial z}\left(-\frac{1}{\mu_0}\left(\frac{\partial E_x}{\partial z} - \frac{\partial E_z}{\partial x}\right)\right) \\
&= -\frac{1}{\mu_0}\left[\frac{\partial}{\partial x}\left(\frac{\partial E_y}{\partial y}\right) - \frac{\partial^2 E_x}{\partial y^2} - \frac{\partial^2 E_x}{\partial z^2} + \frac{\partial}{\partial x}\left(\frac{\partial E_z}{\partial z}\right)\right] \\
&= -\frac{1}{\mu_0}\left[\frac{\partial}{\partial x}\left(\frac{\partial E_y}{\partial y} + \frac{\partial E_z}{\partial z}\right) - \frac{\partial^2 E_x}{\partial y^2} - \frac{\partial^2 E_x}{\partial z^2}\right]
\end{aligned}$$

$$= \frac{1}{\mu_0} \left[\frac{\partial^2 E_x}{\partial x^2} + \frac{\partial^2 E_x}{\partial y^2} + \frac{\partial^2 E_x}{\partial z^2} \right]$$

第2の＝は④と⑤によります．最後の＝は①を使いました．これが右辺に等しいということから，$F=E_x$ についての波動方程式 (9.4) が得られます．E_y, E_z, H_x, H_y, H_z についても，同様にして (9.4) をみたすことが示されます．

結び

　オイラーの公式を述べるのに必要な数学のことば・考え方を準備してから，オイラーの公式を導き，最後の3つの章ではそれを使っていろいろな問題を調べました．そこで扱った現象は，振り子，交流回路，電磁波と，いずれも振動に関わるものでした．このようにオイラーの公式は，振動現象の解析に非常に力を発揮します．その理由を少し考えてみましょう．

　三角関数 sin, cos のグラフを見てわかるように，振動現象は三角関数によって記述されます．ところが sin と cos は非常に仲がよく，仲がよいのはいいことですが，お互い相手なしではやっていけない相互依存の関係にあって自立していません．本文中でもコメントしましたが，sin, cos の微分はそれぞれ相手の関数で表されますし，加法定理を書くときにも相方の関数の助けが必要なのです．

　一方，指数関数は完全に自立しています．微分も加法定理の結果も，自分自身だけを使って表されます．その指数関数がオイラーの公式を通して三角関数と結びつくので，自立した指数関数が振動現象を表すことができ，そのため振動現象の解析が著しく簡明になるのです．

　そのような事情があるので，振動現象を調べるときには計算はもっぱら指数関数で行い，最後に最終結果を現実の現象に翻訳するときにオイラーの公式を使って三角関数に戻す，

というのが賢い方法です．現実の振動を表す三角関数と，計算が著しく簡明になる指数関数が，オイラーの公式によって行き来できるということが大事なのですね．

| 三角関数
振動を表す | ←オイラーの公式→ | 指数関数
計算が簡明 |

　本書は，ブルーバックス編集部の梓沢修氏から，オイラーの公式をゼロから学んでどんなふうに応用されるかまでを見渡せるような本が書けないか，という提案をいただいて，それに応えようと書き進めたものです．氏にはいろいろと助言・励ましをいただきました．ここに深く感謝いたします．

　きちんと論理に基づいて考えていくと，自然現象が数学の力で解明される，ということもお伝えしたかったので，計算などもなるべく省かずに書きました．そのため通読すれば様子がつかめる，という本にはならなかったかもしれませんが，紙と鉛筆を持って少し手を動かしながら読んでいただければ，きっと何が起こっているかが伝わるのではないかと思います．

　2013 年 5 月

原岡喜重

さくいん

【数字】

2次方程式の解の公式 78
3次元波動方程式 175

【アルファベット】

$\cos x$ のテイラー展開 58
div 171, 192
e 71
e^x のテイラー展開 72
i 80
LC回路 159
rot 171, 192
$\sin x$ のテイラー展開 57

【あ行】

インダクタンス 148
インピーダンス 158
運動法則 122
円周率 15
オイラー 3
オイラーの渦流 4
オイラーの公式 104
オイラー・ラグランジュ方程式 4
オームの法則 141

【か行】

解の公式 75
重ね合わせの原理 126
加速度 122
加法定理(三角関数の) 96
加法定理(指数関数の) 62, 106
ガリレオ 3
関数 21
関数関係不変の原理 47
関数の定義域を広げる 42
ガンマ関数 23
キャパシタンス 144
級数 11
共役複素数 85
極座標 93
虚軸 90

さくいん

虚数　80
虚数単位　80
虚部　82
近似値　17
クーロンの法則　168
コイル　144
光速度　189
交流　139, 149
誤差　17
コンデンサー　143

【さ行】

三角関数　23, 42
指数　59
指数関数　23, 59
磁性体　165
自然現象　22
磁束　146
四則演算　22
実軸　90
実部　82
磁場　167
周期　50
収束　14
収束級数　14
収束べき級数　26
小数展開　10

状態　165
磁力　146
磁力線　170
正弦波交流　150
静電場　169
精度　17
ゼータ関数　4, 23
ゼータ関数のオイラー積表示　4
絶対値　93
想像上の数　79
双対　146

【た行】

対数関数　23
代数方程式　98
多項式　21
多重ゼータ関数　4
超幾何関数　23
底　59
定義域　42
抵抗　139
底の数　59
テイラー展開　39, 56
電圧　139
電荷密度　171
電磁波　164, 189

電場　168

電波　164

電流　139

電流密度　171

導関数　31

透磁率　171

等比級数　19

等比級数の和の公式　19

独立変数　21

【な行】

二項係数　117

ニュートン　4, 122

ネピアの数　71

【は行】

場　166

発散　14

発散級数　14

微分　31

微分係数　31

微分作用素　171

微分する　31

微分方程式を解く　123

ファラデー　145

複素数　81

複素電圧　156

複素電流　156

複素平面　90

平方完成　77

べき級数　26

ベクトル　165

ベッセル関数　23

偏角　93

変数　21

変数分離形　175

偏微分　172

【ま行】

マクスウェル方程式　170

無限級数　11

無限小数展開　16

【や行】

誘電率　171

【ら行】

ラジアン　52

N.D.C.411　200p　18cm

ブルーバックス　B-1818

オイラーの公式がわかる
数学の至宝を知る

2013年6月20日　第1刷発行
2024年5月10日　第10刷発行

著者	原岡喜重（はらおかよししげ）
発行者	森田浩章
発行所	株式会社講談社
	〒112-8001 東京都文京区音羽2-12-21
電話	出版　03-5395-3524
	販売　03-5395-4415
	業務　03-5395-3615
印刷所	（本文表紙印刷）株式会社KPSプロダクツ
	（カバー印刷）信毎書籍印刷株式会社
製本所	株式会社KPSプロダクツ

定価はカバーに表示してあります。
©原岡喜重　2013, Printed in Japan
落丁本・乱丁本は購入書店名を明記のうえ、小社業務宛にお送りください。送料小社負担にてお取替えします。なお、この本についてのお問い合わせは、ブルーバックス宛にお願いいたします。
本書のコピー、スキャン、デジタル化等の無断複製は著作権法上での例外を除き禁じられています。本書を代行業者等の第三者に依頼してスキャンやデジタル化することはたとえ個人や家庭内の利用でも著作権法違反です。
®〈日本複製権センター委託出版物〉複写を希望される場合は、日本複製権センター（電話03-6809-1281）にご連絡ください。

ISBN978-4-06-257818-9

発刊のことば

科学をあなたのポケットに

二十世紀最大の特色は、それが科学時代であるということです。科学は日に日に進歩を続け、止まるところを知りません。ひと昔前の夢物語もどんどん現実化しており、今やわれわれの生活のすべてが、科学によってゆり動かされているといっても過言ではないでしょう。

そのような背景を考えれば、学者や学生はもちろん、産業人も、セールスマンも、ジャーナリストも、家庭の主婦も、みんなが科学を知らなければ、時代の流れに逆らうことになるでしょう。

ブルーバックス発刊の意義と必然性はそこにあります。このシリーズは、読む人に科学的に物を考える習慣と、科学的に物を見る目を養っていただくことを最大の目標にしています。そのためには、単に原理や法則の解説に終始するのではなくて、政治や経済など、社会科学や人文科学にも関連させて、広い視野から問題を追究していきます。科学はむずかしいという先入観を改める表現と構成、それも類書にないブルーバックスの特色であると信じます。

一九六三年九月

野間省一

ブルーバックス　技術・工学関係書（I）

495	人間工学からの発想	小原二郎
911	電気とはなにか	室岡義広
1084	図解 わかる電子回路	見城尚志
1128	原子爆弾	高橋久志
1236	図解 わかる電子回路	山田克哉
1346	図解 ヘリコプター	加藤　寛
1396	図解 飛行機のメカニズム	柳生一
1452	制御工学の考え方	木村英紀
1469	流れのふしぎ	石綿良三／根本光正＝著
1483	量子コンピュータ	竹内繁樹
1520	新しい物性物理	伊達宗行
1545	図解 鉄道の科学	宮本昌幸
1553	高校数学でわかる半導体の原理	竹内淳
1573	図解 つくる電子回路	加藤ただし
1624	手作りラジオ工作入門	西田和明
1660	コンクリートなんでも小事典	土木学会関西支部＝編
1676	図解 電車のメカニズム	宮本昌幸＝編著
1696	図解 橋の科学	土木学会関西支部＝編 田中輝彦／渡邊英一＝他
1717	図解 ジェット・エンジンの仕組み	吉中司
1797	図解 地下鉄の科学	川辺謙一
1817	古代日本の超技術 改訂新版	志村史夫
-	東京鉄道遺産	小野田滋
1845	古代世界の超技術	志村史夫
1866	暗号が通貨になる「ビットコイン」のからくり	吉本佳生 西田宗千佳
1871	アンテナの仕組み	小暮裕明 小暮芳江
1879	火薬のはなし	松永猛裕
1887	小惑星探査機「はやぶさ2」の大挑戦	山根一眞
1909	飛行機事故はなぜなくならないのか	青木謙知
1938	門田先生の3Dプリンタ入門	門田和雄
1940	すごいぞ！ 身のまわりの表面科学	日本表面科学会
1948	実例で学ぶRaspberry Pi電子工作	西田宗千佳
1950	図解 燃料電池自動車のメカニズム	金丸隆志
1959	交流のしくみ	川辺謙一
1963	脳・心・人工知能	森本雅之
1968	高校数学でわかる光とレンズ	甘利俊一
1970	人工知能はいかにして強くなるのか？	竹内淳
2001	人はどのようにして鉄を作ってきたか	小野田博一
2017	現代暗号入門	永田和宏
2035	城の科学	神永正博
2038	時計の科学	萩原さちこ
2041	カラー図解 はじめる機械学習	織田一朗
2052	カラー図解 Raspberry Piではじめる機械学習	金丸隆志

ブルーバックス　数学関係書 (Ⅳ)

2195 統計学が見つけた野球の真理

鳥越規央

ブルーバックス　数学関係書(III)

- 1968 脳・心・人工知能　甘利俊一
- 1969 四色問題　一松信
- 1984 経済数学の直観的方法 マクロ経済学編　長沼伸一郎
- 1985 経済数学の直観的方法 確率・統計編　長沼伸一郎
- 1998 結果から原因を推理する「超」入門ベイズ統計　石村貞夫
- 2001 人工知能はいかにして強くなるのか？　小野田博一
- 2003 曲がった空間の幾何学　宮岡礼子
- 2023 素数はめぐる　西来路文朗／清水健一
- 2033 ひらめきを生む「算数」思考術　安藤久雄
- 2035 現代暗号入門　神永正博
- 2036 美しすぎる「数」の世界　清水健一
- 2043 理系のための微分・積分復習帳　竹内淳
- 2046 方程式のガロア群　金重明
- 2059 離散数学「ものを分ける理論」　徳田雄洋
- 2065 学問の発見　広中平祐
- 2069 今日から使える微分方程式 普及版　飽本一裕
- 2079 はじめての解析学　原岡喜重
- 2081 今日から使える物理数学 普及版　岸野正剛
- 2085 今日から使える統計解析 普及版　大村平
- 2092 いやでも数学が面白くなる　志村史夫
- 2093 今日から使えるフーリエ変換 普及版　三谷政昭

- 2098 高校数学でわかる複素関数　竹内淳
- 2104 トポロジー入門　都築卓司
- 2107 数学にとって証明とはなにか　瀬山士郎
- 2110 高次元空間を見る方法　小笠英志
- 2114 数の概念　高木貞治
- 2118 道具としての微分方程式 偏微分編　斎藤恭一
- 2121 離散数学入門　芳沢光雄
- 2126 数の世界　松岡学
- 2137 有限の中の無限　西来路文朗／清水健一
- 2141 今日から使える微積分 普及版　大村平
- 2147 円周率πの世界　柳谷晃
- 2153 多角形と多面体　日比孝之
- 2160 多様体とは何か　小笠英志
- 2161 なっとくする数学記号　黒木哲徳
- 2167 三体問題　浅田秀樹
- 2168 大学入試数学 不朽の名問100　鈴木貫太郎
- 2171 四角形の七不思議　細矢治夫
- 2178 数式図鑑　横山明日希
- 2179 数学とはどんな学問か？　津田一郎
- 2182 マンガ 一晩でわかる中学数学　端野洋子
- 2188 世界は「e」でできている　金重明

ブルーバックス　数学関係書 (II)

1704	高校数学でわかる線形代数	竹内　淳
1724	ウソを見破る統計学	神永正博
1738	物理数学の直観的方法（普及版）	長沼伸一郎
1740	マンガで読む　計算力を強くする	がそんみほ=マンガ／銀杏社=構成
1743	大学入試問題で語る数論の世界	清水健一
1757	高校数学でわかる統計学	竹内　淳
1764	新体系　中学数学の教科書（上）	芳沢光雄
1765	新体系　中学数学の教科書（下）	芳沢光雄
1770	連分数のふしぎ	木村俊一
1782	はじめてのゲーム理論	川越敏司
1784	確率・統計でわかる「金融リスク」のからくり	吉本佳生
1786	「超」入門　微分積分	神永正博
1788	複素数とはなにか	示野信一
1795	シャノンの情報理論入門	高岡詠子
1808	算数オリンピックに挑戦 '08～'12年度版	算数オリンピック委員会=編
1810	不完全性定理とはなにか	竹内　薫
1818	オイラーの公式がわかる	原岡喜重
1819	世界は2乗でできている	小島寛之
1822	マンガ　線形代数入門	鍵本聡=原作／垣　絵美=漫画
1823	三角形の七不思議	細矢治夫
1828	リーマン予想とはなにか	中村　亨
1833	超絶難問論理パズル	小野田博一
1841	難関入試　算数速攻術	中川（松島）りつこ=画 高岡詠子
1851	チューリングの計算理論入門	高岡詠子
1880	非ユークリッド幾何の世界　新装版	寺阪英孝
1888	直感を裏切る数学	神永正博
1890	ようこそ「多変量解析」クラブへ	小野田博一
1893	逆問題の考え方	上村　豊
1097	算法勝負！「江戸の数学」に挑戦	山根誠司
1006	ロジックの世界	ダン・クライアン／シャロン・シュアティル／ビル・メイブリン=絵／田中一之=訳
1907	素数が奏でる物語	西来路文朗／清水健一
1917	群論入門	芳沢光雄
1921	数学ロングトレイル「大学への数学」に挑戦	山下光雄
1927	確率を攻略する	小島寛之
1933	「P≠NP」問題	野﨑昭弘
1941	数学ロングトレイル「大学への数学」に挑戦　ベクトル編	山下光雄
1942	数学ロングトレイル「大学への数学」に挑戦　関数編	山下光雄
1961	曲線の秘密	松下泰雄
1967	世の中の真実がわかる「確率」入門	小林道正

ブルーバックス　数学関係書(I)

116	推計学のすすめ	佐藤 信
120	統計でウソをつく法	ダレル・ハフ／高木秀玄 訳
177	ゼロから無限へ	C.レイド／芹沢正三 訳
325	現代数学小事典	寺阪英孝 編
722	解ければ天才！　算数100の難問・奇問	中村義作
833	虚数 i の不思議	堀場芳数
862	対数 e の不思議	堀場芳数
926	原因をさぐる統計学	豊田秀樹
1003	マンガ　微積分入門	岡部恒治／藤岡文世 絵／前田忠彦
1013	違いを見ぬく統計学	豊田秀樹
1037	道具としての微分方程式	斎藤恭一／吉田 絵
1201	自然にひそむ数学	佐藤修一
1243	高校数学とっておき勉強法	鍵本 聡
1312	マンガ　おはなし数学史　新装版	佐々木ケン 漫画／仲田紀夫 原作
1332	集合とはなにか	竹内外史
1352	確率・統計であばくギャンブルのからくり	谷岡一郎
1353	算数パズル「出しっこ問題」傑作選	仲田紀夫
1366	数学版　これを英語で言えますか？	E.ネルソン 監修／保江邦夫
1383	高校数学でわかるマクスウェル方程式	竹内 淳
1386	素数入門	芹沢正三
1407	入試数学　伝説の良問100	安田 亨
1419	パズルでひらめく　補助線の幾何学	中村義作
1429	数学21世紀の7大難問	中村 亨
1433	大人のための算数練習帳	佐藤恒雄
1453	大人のための算数練習帳　図形問題編	佐藤恒雄
1479	なるほど高校数学　三角関数の物語	原岡喜重
1490	暗号の数理　改訂新版	一松 信
1493	計算力を強くする	鍵本 聡
1536	計算力を強くするpart2	鍵本 聡
1547	広中杯 ハイレベル 算数オリンピック委員会 監修／青木亮二 解説	
1557	やさしい統計入門	柳井晴夫／田栗正章／C.R.ラオ／藤越康祝
1595	数論入門	芹沢正三
1598	なるほど高校数学　ベクトルの物語	原岡喜重
1606	関数とはなんだろう	山根英司
1619	離散数学「数え上げ理論」	野﨑昭弘
1620	高校数学でわかるボルツマンの原理	竹内 淳
1629	計算力を強くする　完全ドリル	鍵本 聡
1657	高校数学でわかるフーリエ変換	竹内 淳
1677	新体系　高校数学の教科書（上）	芳沢光雄
1678	新体系　高校数学の教科書（下）	芳沢光雄
1684	ガロアの群論	中村 亨

ブルーバックス　コンピュータ関係書

番号	タイトル	著者
1084	図解 わかる電子回路	加藤肇／見城尚志／高橋久志
1769	入門者のExcel VBA	立山秀利
1783	卒論執筆のためのWord活用術	住中光夫
1791	知識ゼロからのExcelビジネスデータ分析入門	田中幸夫
1802	実例で学ぶExcel VBA	立山秀利
1825	メールはなぜ届くのか	草野真一
1850	入門者のJavaScript	立山秀利
1881	プログラミング20言語習得法	小林健一郎
1926	SNSって面白いの？	草野真一
1950	実例で学ぶRaspberry Pi電子工作	金丸隆志
1962	脱入門者のExcel VBA	立山秀利
1989	入門者のLinux	奈佐原顕郎
1999	カラー図解 Excel「超」効率化マニュアル	立山秀利
2001	人工知能はいかにして強くなるのか？	小野田博一
2012	カラー図解 Javaで始めるプログラミング	高橋麻奈
2045	サイバー攻撃	中島明日香
2049	統計ソフト「R」超入門	逸見功
2052	カラー図解 Raspberry Piではじめる機械学習	金丸隆志
2072	入門者のPython	立山秀利
2083	ブロックチェーン	岡嶋裕史
2086	Web学習アプリ対応 C語入門	板谷雄二
2133	高校数学からはじめるディープラーニング	金丸隆志
2136	生命はデジタルでできている	田口善弘
2142	ラズパイ4対応 カラー図解 最新Raspberry Piで学ぶ電子工作	金丸隆志
2145	LaTeX超入門	水谷正大